KB156641

수학의 원리와 개념을 깨치는

이야기 속으로 들어간 수학

수학의 원리와 개념을 깨치는

이야기 속으로 들어간 수학

2016년 1월 15일 초판 1쇄 인쇄
2016년 1월 20일 초판 1쇄 발행

엮은이 | 파라주니어 편집부
감수자 | 신강재 (김샘수학 교재개발원장)
펴낸이 | 김태화
펴낸곳 | 파라북스
편집 | 전지영
마케팅|박경만

등록번호 | 제313-2004-000003호
등록일자 | 2004년 1월 7일
전화 | 02) 322-5353
팩스 | 02) 334-0748
주소 | 서울특별시 마포구 월드컵북로 6길 93

ISBN 978-89-93212-75-4 (43410)

*파라주니어는 파라북스의 어린이·청소년 전문 브랜드입니다.

*값은 표지 뒷면에 있습니다

수학의 원리와 개념을 깨치는

이야기 속으로 들어간 수학

파라주니어

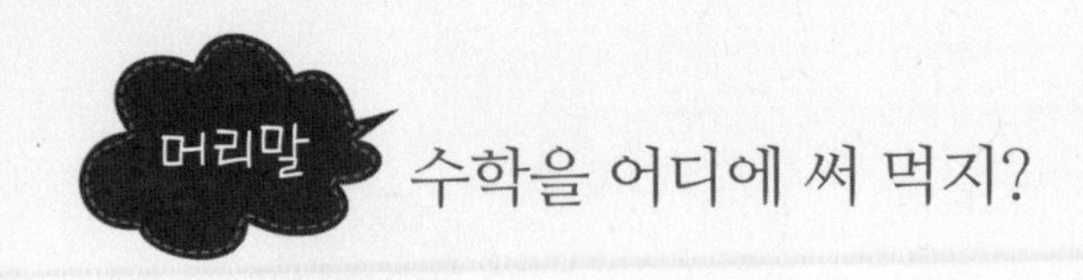

머리말 수학을 어디에 써 먹지?

수학 문제에 매달려 전전긍긍하다 보면 절로 떠오르는 의문이 있다.

“수학은 왜 해야 하지? 도대체 이걸 어디다 써 먹지?”

일상생활에서 수학이 필요한 곳을 따져 봐도, 돈을 주고받거나 물건의 개수를 헤아릴 때 필요한 사칙연산 정도면 충분할 듯하다. 그런데 학교에서는 방정식이나 도형, 수열에 함수, 미적분의 고차원 수학까지 가르친다. 도대체 왜 이렇게 어려운 수학을 배워야 할까?

그렇다고 수학을 포기하는 것은 무모해 보인다. 내신을 위해서는 당장 수학 점수가 필요하고, 좋은 대학에 진학하기 위해서는 ‘좋은’ 수학 점수가 필요하다. 사실 좋은 점수를 받는 것은 간단하다. ‘아주 많은’ 문제를 풀면 된다. 하지만 오로지 점수만을 위해 문제 풀이에 집중하다 보면 다시 의문이 떠오른다. 좋은 점수를 받기 위해서가 아니라, 수학을 공부하는 ‘진짜 목적’은 무엇일까?

중학생은 초등학생과 다르다. 세상을 이해하는 폭이 다르고, 세상을 보는 눈도 달라진다. 또 고등학생은 중학생과 다르다. 더 깊고 더 넓은 눈으로 세상을 보고, 문제를 인식하고 해결을 계획한다. 우리가 살고 있는 세상을 제대로 이해하고 잘 활용하는 것, 또 문제를 인식하고 해결하는 방법을 찾는 것, 이것이 우리가 수학을 공부하는 목적이다.

우리가 살고 있는 지구라는 행성과 끝없이 펼쳐진 우주에 대한 이해, 그리고 우리의 생활을 윤택하게 만들어준 과학 기술이 모두 수학을 기반으로 이루어졌다. 수학은 이 세계를 과학적으로 탐구할 수 있는 근거를 마련해 준다. 과학의 실험과 분석은 수학의 토대 위에 이루어지는 것이다. 수학적 논리는 우리의 사고가 합리적인지를 판단하는 데 도움을 주고, 보이지 않는 현상에 대해 추론할 근거를 제공한다. 또 무엇을 탐구해야 하는지에 대한 방향을 제시한다.

또 수학 공부는 두뇌를 훈련하는 최고의 방법이다. 과학은 어떤 대상에 대해 탐구하지만, 수학은 오로지 논리적인 사고 작용으로 전개한다. 천재들이 대체로 수학에 뛰어났다는 것은, 달리 말해 수학으로 천재성이 강화되었다는 말도 된다.

이 책은 문제를 푸는 문제집이 아니다. 수학의 원리를 밝히고 이론을 전개하는 과정에 대한 이야기이고, 우리 생활 속에 깊이 자리 잡고 있는 수학 이론에 대한 이야기이다. 이 이야기는은 수학이 우리 삶에 어떤 영향을 미치는지, 우리가 마주한 문제를 어떻게 해결해야 할지, 또 수학을 왜 공부해야 하는지를 느끼게 해준다.

이 책을 덮으면서 '음, 수학이 이런 것이었군!'이라고 생각하는 사람이 있다면 좋겠다. 또 "아하, 수학이 재미있는 과목이었군!"이라고 말하는 사람이 있다면 정말 좋겠다. 그럴 것이라고 믿으며 출발해 보기를 바란다. 바로 지금!

너도 해 봐!

1장. 수와 문자의 축제

2장. 도형으로 보는 세상

피타고라스보다 1,200년 전인
고대 바빌로니아에서는
피타고라스의 정리가 성립하는 수를
15쌍이나 알고 있었다.
대단해요!
근데 이걸로
뭘 했지?
불가능하다고?
정말 그럴까?
불가능에 도전해 봐!
복잡한 세상에서
질서를 찾는 도형!
요게 정사각형이었다는 말씀!
원하는 대로 변형하자!
2장에서는 자와 컴퍼스가 필요해.

8(x-6)(x+5)=7x2
8(x2+5x-6x-30)=7x2
8x2-8x-240=7x2
x2-8x-240=0
(x+12)(x-20)=0
∴ x=-12, x=20
방정식은 양팔저울처럼
양쪽을 똑같이!
마방진 만드는 방법
$\frac{S}{n}=\frac{n(n^2+1)}{2}$
요건 마방진 값
1 6 2 11 7 3 16 12 8 4 21 17 13 9 5 22 18 14 10 23 19 15 24 20 25
허수축
$x^2=-1$
$x=\sqrt{-1}$
i
제곱해서 음수가
되는 수라니....
실수축
+1
힘내라, 힘!!
아킬레우스와 거북의 경주
토끼는 모두 몇 마리?
$a_1=1$, $a_2=1$
$a_n+a_{(n+1)}=a_{(n+2)}$, n=1,2,3,......
a : b = c : d일 때, ad=bc가 성립한다.
요건 비례식!
생각보다 쓰이는 곳이 많아.
$a_1=a$
$a_2=ar$
$a_3=ar^2$
$a_4=ar^3$
......
$a_n=ar^{n-1}$
피보나치
수열
매달 늘어나는 토끼,
얘들을 어떻게 하지?
자 축 인 묘 진 사 오 미 신 유 술 해
쥐 소 호랑이 토끼 용 뱀 말 양 원숭이 닭 개 돼지
14≡4(mod10), 14≡2(mod12)
요건 합동식!
난 양띠인데,
넌?
황금비율과
황금사각형
1장에서는 자가
필요없다고....
따뜻한 차
한 잔 마시고.....
2=1 궤변 깨기
x3-2x2-2x+4=0
: 이렇게 묶어 준다.
(x3-2x2)-(2x-4)=0
x2(x-2)-2(x-2)=0
: 공통 부분, (x-2)를 묶는다.
(x-2)(x2-2)=0
∴ x=2, x=±√2
3차 방정식의 해법과 수학자들의 대결
옛날 어느 마을에 욕심 많고 심술궂은 부자가 있었다.
그는 봄철에 먹을 곡식이 떨어진 가난한 사람들에게 쌀을 빌려 주고
가을 추수가 끝나면 엄청난 이자를 붙여 되돌려 받았다.
어느 날 마을에 사는 청년이 부자를 찾아가 그 집의 일꾼이 되고 싶다고 말했다.
"저는 품삯을 쌀알로 받습니다. 첫날은 쌀알 하나만 주시면 되고,
둘째 날은 그 두 배인 2알을 주시면 됩니다. 그리고 셋째 날은 그 두 배인 4알,
그 다음날은 8알......, 이렇게 매일 그 전날 삯의 두 배만 주시면 됩니다.
그러니 딱 한 달만 제가 일을 하게 해주십시오."
청년이 받을 쌀알은 1, 2, 4, 8, 16, 32, 64, 128, 256......
그리고 10일째는 512알, 11일째는 1,024알이 된다. 20일째에는 52만 4,288알,
21일째는 104만 8,576알이 된다. 그리고 한 달이 되는 30일째에는
하루 품삯만으로도 128가마니가 된다.
3차 방정식의 해법을 안 두 사람, 타르탈리아
카르다노는
절대 발표하지 않겠다는 약속을 한 다음
해법을 전수받았다.
그러고는 곧바로 자신의 책에 실어 발표해 버렸다.
그래서 지금까지 3차 방정식의 해법은
카르다노의 해법으로 전해지고 있다.
생각만 해도
억울!!!
약수의 합이 바로 자기 자신인 수
완전수
2^m-1이 소수이면, $2^{m-1}\cdot(2^m-1)$은 완
요건 메르센소수
$P_1=6=2\cdot3$
$P_2=28=2^2\cdot7$
$P_3=496=2^4\cdot31$
$P_4=8128=2^6\cdot127$
완전수가
가장 아름다운 수라고?
계산기가 필요해. ㅠㅠ
계산기보다 더 빠른
방법이 있지.
대체 이게 다
얼마야? 이제
부자는 어쩌니?

1장

수와 문자의 축제

01 문자와 수의 관계, 방정식

인류가 언제부터 수를 인식하게 되었는지는 알 수 없다. 그러나 학자들은, 말을 시작하기 전부터 눈에 보이는 것을 개수로 인식했을 것이라고 추측한다. 수렵이나 채집의 생산성이 높아지면서 비축하고 있는 것을 수로 파악할 필요가 있었다는 것이다.

시간이 지나면서 4대 문명발상지에서는 수를 상형문자로 나타냈다. 그리고 자릿수 잡기나 기수법수를 나타내는 법, 나아가서는 주판과 비슷한 여러 계산 기구를 발명했다. 하지만 이들에게 결정적인 어려움이 있었는데, 그건 '0'을 알지 못했다는 것이다. 0이 없으면 예컨대 2015와 215를 구분하는 것이 상당히 어렵고 번거롭다.

0이라는 개념을 처음 생각해낸 것은 기원전 2세기경의 인도 사람들이었다. 그래서 인도에서는 다른 곳과는 달리 숫자를 써서 계산하는 필산이 가능했고, 대수학이 성장하기 쉬웠다. '대수학'이란 한 마디로 말해, 수 대신 문자로 식을 나타내 수의 관계, 성질, 계산 법칙 따위를 연구하는 것을 말한다. 대표적인 예가 바로 '방정식'이다.

방정식은 기원전에 이미 나타났다. 고대 이집트나 바빌로니아에서도 방정식에 해당하는 문제를 다루었고, 고대 그리스의 디오판토스 Diophantos, 246?~330?년는 방정식을 체계적으로 연구하기도 했다. 그러나 당시에는 기호 체계가 없어 모두 말로 표현했으며, 0의 개념이 없어 여러 모로 발전에는 한계가 있었다. 그런 상황에서도 중세에 해당하는 6~7세기에는 2차 방정식이나 연립 방정식의 적합한 답을 짐작한 다음 확인하는 방식, 즉 '가정법'을 개발해 냈다.

하지만 현재 우리가 방정식을 푸는 방법의 원형은 9세기에 아라비아의 수학자 알콰리즈미가 고안한 천칭법이다. 알콰리즈미는 천칭법에 의한 해법을 ≪복원과 대비의 계산al-gebr w'al mukabala≫이라는 책에 정리했다. 대수학을 뜻하는 영어단어 algebra는 이 책의 제목에서 따온 말이다.

당시 아라비아는 이슬람제국을 건설한 이래, 유목이나 무역을 하던 사막에서 벗어나 대도시를 이루어 평화로운 시대를 맞이하고 있었다. 반면 당시의 선진국이었던 로마에서는 수학자들이 박해를 피해 많은 문서들을 가지고 아라비아로 몰려왔다. 그리스나 로마에서는 대수학이 발전하지 않았는데, 특히 기독교가 권력을 쥐고 있던 로마제국시대에 로 마법 대전을 편찬한 유스티니아누스 1세는 〈악한 자, 수학자 및 이와 같은 유에 속하는 자에 관한 법률〉을 정하고, '실수를 범하지 않는 수학 기술을 금한다'고 했다. 실수가 없다는 것은 신의 영역을 위협하는 것이라고 생각했던 것이다.

아라비아에서는 로마에서 몰려오는 수학자들을 맞아들여 그들이 가져온 문서를 아라비아어로 번역하게 하는 한편 연구를 계속할 수 있도록 도와주었다. 그래서 10세기의 이슬람제국에서는 그리스의 기하학이 부활했고, 인도의 수학 이론도 흡수해 수학을 통합해 갔다.

인도의 기수법을 유럽에 소개한 것은 13세기 피보나치Fibonacci, 1170~1250?년였다. 이렇게 전해진 기수법을 기반으로 유럽에서 대수학이 발달한 것은 르네상스의 종교개혁 이후부터다. 그 전에도 수 대신 문자를 식으로 나타내기 위해 궁리한 수학자들이 있기는 했지만, 현재 우리가 사용하는 것과 거의 같은 방법은 종교개혁의 폭풍 속에서 단숨에 완성되었다.

문장을 식으로 만들기

수 대신 문자로 식을 나타내는 대수학은 수학의 한 축을 이루며 발전해 왔다. 그런데 수 대신 문자로 식을 나타낸다는 것이 왜 중요할까? 방정식 이야기는 이것에서 출발하자. 우선 다음 문제를 풀어보자.

문제 : 어떤 수를 2배하고 2를 더한 다음, 다시 5배해서 5를 더한 수가 195이다. 이때 어떤 수는?

이런 문제는 내용을 식으로 만들어 보면 금방 해결된다. 하지만 식에는 '알지 못하는 수' 혹은 '알고자 하는 수'가 포함되어 있다. 이 문제에서는 바로 "어떤 수"이다. 이런 수를 표현할 방법으로 문자를 생각한 것이다.

앞의 문제에서 '어떤 수'를 x라고 하자. 그런 다음에는 순서대로 식을 만들면 된다. x를 2배하면 $2x$, 거기에 2를 더하면 $2x+2$, 다시 5배하면 $5(2x+2)$, 5를 더하면 $5(2x+2)+5$이다. 그리고 이렇게 한 값이 195라면 이 문제는 다음과 같은 식으로 나타낼 수 있다.

$5(2x+2)+5=195$: (1)

긴 문장이 아주 간단한 식으로 완성되었다. 이제 이 식을 풀면 된다. 어떻게 풀까? 알콰이즈미의 천칭법을 알면 이것 역시 간단하다.

방정식의 비법, 천칭법

알콰이즈미는 방정식을 풀기 위해 천칭의 평형을 응용했다. 천칭이란 〈그림 1〉에서 보는 것처럼 양팔저울의 일종이다. 그러니까 천칭법이란 양쪽의 무게가 같으면 평형을 이루는 천칭의 성질을 응용해, 등호

그림 1 천칭

(=) 양쪽 변에 같은 양을 더하거나 빼거나 곱하거나 나누어 같은 값이 되도록 만든다는 것이다. 예를 들면, $4x+3=15$라는 식이 있다면 다음과 같이 문제를 푸는 것이다.

$4x+3=15$

$4x+3-3=15-3$: 양변에서 각각 3을 뺀다

$4x=12$

$4x\div4=12\div4$: 양변을 4로 나눈다.

$x=3$

이 과정을 간단히 하면 다음과 같다.

$4x+3=15$

: 좌변의 +3을 −3으로 바꿔 우변으로 옮긴다.

$4x=15-3$

$4x=12$

: 좌변의 ×4를 ÷4로 바꿔 우변으로 옮긴다.

$x=\frac{12}{4}=3$

방정식을 풀이하는 방법은 이처럼 단순한 원리에서 비롯되었다. 그럼 이제 앞의 식 (1)을 풀어보자.

$5(2x+2)+5=195$: (1)

: 괄호를 풀고 덧셈을 한다.

$10x+15=195$

: +15를 −15로 바꿔 우변으로 옮긴다.

$10x=195-15$

$10x=180$

: ×10을 ÷10으로 바꿔 우변으로 옮기고 계산한다.

$\therefore x=18$

물론 이외에도 계산방법은 다양하다. 우리가 알고 있는 것보다 더 간단한 것도 많다. 그리고 그 계산법이 가능한 이유를 우리는 방정식을 통해 밝혀낼 수 있다. 문제 하나를 더 보면서 생각해 보자.

문제 : 동생이 걷는 속도는 매분 60m, 형이 걷는 속도는 매분 75m이다. 동생이 역으로 가기 위해 집에서 출발한 시각에서 6분이 지났을 때 형이 집에서 출발해서 동생을 뒤쫓아갔다. 형은 역에서 마침내 동생을 따라 잡았다. 그러면 집에서 역까지의 거리는 얼마인가?

먼저 문제를 식으로 나타내야 한다. 방정식에서의 핵심은 등호(=)의 좌측과 우측이 같은 양이 되어야 한다는 것이다. 즉, '좌변=우변'이 되어야 한다는 말이다.

〈그림 2〉를 보자. 그림을 보면 둘 사이에 공통되는 양이 보일 것이다.

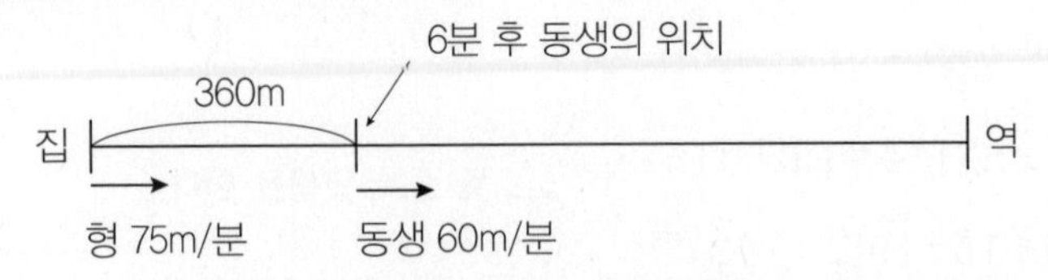

바로 형제가 이동한 거리, 즉 집에서 역까지의 거리이다. 이동거리는 '속도×이동시간'으로 구할 수 있다. 그리고 형이 걸은 시간을 x분이라고 하면, 동생은 $x+6$분을 걸은 것이 된다. 그럼 다음 식이 성립된다.

- 형이 걸은 거리$=75\times x$
- 동생이 걸은 거리$=60\times(x+6)$

따라서 이런 식이 성립한다.

$75\times x=60\times(x+6)$

$75x=60x+360$

$15x=360$

: $60x$를 좌변으로 옮겨 계산한다.

$\therefore x=24$(분)

그럼 집에서 역까지의 거리는 얼마일까?

- 형이 걸은 거리$=75\times x=75\times 24=1{,}800$(m)

물론 이런 방법만 있는 것은 아니다. 이 문제는 중고등학생에게 맞는 문제이지만, 초등학생이라도 풀 수는 있다. 초등수학은 일상생활 속에서 수학적 감각을 키우는 것을 목표로 한다. 그래서 초등학생은 이 문제에 등장하는 형의 입장이 되어서 생각한다.

〈그림 2〉에서 보듯이 형이 출발하려 할 때, 동생은 이미 360m(=60m/분×6분) 앞서 있다. 그럼 형은 동생을 따라잡기 위해 속도를 내야 한다. 형의 속도는 매분 75m, 동생의 속도는 매분 60m이므로, 형은 동생을 1분에 15m씩 따라잡게 된다.

그렇다면 360m 떨어져 있는 동생에게 매분 15m씩 다가갈 수 있다는 것이다. 그럼 형은 몇 분 후에 동생을 따라잡을 수 있을까?

- 360÷15=24(분)

그럼 동생을 따라잡는 지점, 즉 역까지의 거리는 얼마인가?

- 75(m/분)×24(분)=1,800(m)

이처럼 둘 사이의 합이나 차를 줄여가는 방법도 가능하다.

연립 방정식

지금까지 우리는 방정식의 가장 기본적인 형태에 대해 알아보았다. 먼저 알고자 하는 수를 문자로 대신 표현하는 방법으로 방정식을 만드는 것, 그리고 방정식 풀이의 기본인 천칭법에 대해 알아보았다. 또 풀이 방법이 단 하나만 있는 것은 아니라는 사실도 확인했다.

그렇다면 '알고자 하는 수'가 하나가 아니라 둘 이상이라면 어떻게 할까? 예컨대 다음과 같은 문제를 생각해 보자.

문제: 학과 거북을 합해 8마리가 있고 이들의 다리가 총 22개일 때, 학과 거북은 각각 몇 마리일까?

문제를 식으로 나타내어 보자. 먼저 우리가 알고자 하는 수는 학의 수와 거북의 수이므로, 학의 수를 x, 거북의 수를 y라고 하자. 그러면 다음과 같이 2개의 식이 성립된다.

$x+y=8$: (2) 학과 거북의 수

$2x+4y=22$: 학과 거북의 다리 수

이처럼 알고자 하는 수가 2개이고 2개의 식이 성립할 때, 이것을 '연립 방정식'이라 한다. 이제 이 연립 방정식을 풀어 보자. 여기에서 중요한 것은 두 개의 식을 이용해 문자를 하나만 남기는 것이다.

$2x+2y=16$: (2)의 식 양변을 2배한 것

$-)\ 2x+4y=22$

$-2y=-6 \quad \therefore y=3$

이렇게 얻은 y값을 (2)에 적용하면, $x=5$가 된다. 즉 학은 5마리, 거북은 3마리인 것이다.

이 문제도 초등수학으로 풀어보자. 먼저 거북들이 다리 2개를 몸통

안으로 넣어서 거북의 다리도 2개가 된다면, 8마리의 다리 수는 모두 2(개)×8=16(개)이다. 하지만 실제로는 22개의 다리가 있다고 했으므로, 거북이 숨긴 다리의 수는 22−16=6(개)가 된다. 즉, 거북은 6÷2=3마리이고, 학은 8−3=5마리인 것이다.

2차 방정식

지금까지 우리가 풀어본 방정식은 1차 방정식이었다.

- $5(2x+2)+5=195$: 1차 방정식
- $\left.\begin{array}{l} x+y=8 \\ 2x+4y=22 \end{array}\right\}$: 연립 1차 방정식

이제 2차 방정식에 대해 알아보자. 2차 방정식은 구하고자 하는 수가 제곱의 형태로 나타나는 방정식을 말한다. 예를 들어 보자.

문제: 정사각형의 세로를 6m 짧게, 가로를 5m 길게 한 직사각형의 면적이 원래 면적의 $\frac{7}{8}$일 때, 정사각형의 한 변의 길이는 얼마인가?

정사각형의 한 변을 x라고 하면, 6m 짧게 한 세로 길이는 $(x-6)$, 5m 길게 한 가로 길이는 $(x+5)$가 되고, 다음 식이 만들어진다.

$(x-6)(x+5)=x^2\times\frac{7}{8}$: (3) 2차 방정식

가정법, 그러니까 x에 여러 값을 대입해서 답을 찾았던 중세 수학자들은 이 문제를 풀 수 없었다. 그래서 천칭법을 응용하는 방법을 고민했다. 먼저 위의 (3) 식에서 괄호를 풀어야 한다. 우리는 이것을 '전개한다'고 말한다. 그런 다음 천칭법을 적용하는데, 여기에서 중요한 것은 우변을 0으로 만드는 것이다.

$8(x-6)(x+5)=7x^2$: (4) (3)의 양변에 8을 곱했다.

$8(x^2+5x-6x-30)=7x^2$

: 좌변을 전개하고 계산한다.

$8x^2-8x-240=7x^2$

: 양변에서 $7x^2$을 빼서 우변을 0으로 만든다.

$x^2-8x-240=0$: (5)

그럼 이제 새로운 2차 방정식 (5) 식이 만들어졌다. 이것을 1차식으로 만들어 보자. 1차식의 곱인 (4)의 좌변을 전개하여 2차식으로 만든 과정을 거꾸로 하는 것이다. 2차 방정식인 (5)의 식이 될 것 같은 1차식을 생각해 본다. 더해서 -8이 되고, 곱해서 -240이 되는 두 수를 찾는 것이다. 이것은 다시 말해 좌변의 식을 곱의 형태로 나타내는 것이고, 우리는 이것을 '인수분해한다'고 말한다.

$x^2-8x-240=0$: 좌변을 인수분해한다.

+12

−20

: $(+12)+(-20)=-8$, $(+12)\times(-20)=-240$

$(x+12)(x-20)=0$: 좌변을 전개하면 이 식은 (5)가 된다.

이제 x의 값을 구할 수 있다. $(x+12)=0$ 혹은 $(x-20)=0$이 되는 x를 찾으면 된다.

$\therefore x=-12,\ x=20$

그런데 문제에서 x는 사각형 한 변의 길이이다. 그리고 $x>6$이므로 -12는 될 수 없다. 따라서 $x=20$이 된다.

2차 방정식의 풀이법을 알게 되었으니, 이번에는 좀 어려운 문제에 도전해 보자.

문제 : 형은 A지점을 출발하여 일정한 속도로 B지점을 향하고, 동생은 형이 A를 출발한 시각에서 20분 후에 B를 출발해 일정한 속도로 A를 향해 간다. 두 사람은 10시 15분에 길에서 서로 만난 다음, 형은 11시 30분에 B에 도착하고, 동생은 12시 55분에 A에 도착했다. 형이 A지점을 출발한 시각은?

이것은 꽤 어려운 문제이지만, 우리는 이미 속도 문제를 다루어보았으니 한번 도전해볼 만하다. 속도 문제에서 첫 번째 포인트는 '전체 거리'였던 것을 기억할 것이다. 그런데 이번에는 전체 거리가 제시되어 있지 않다. 그러니까 다른 방법을 찾아야 한다.

이번에도 이해를 위해 그림을 그려보자. 형제가 움직이는 시간에 주

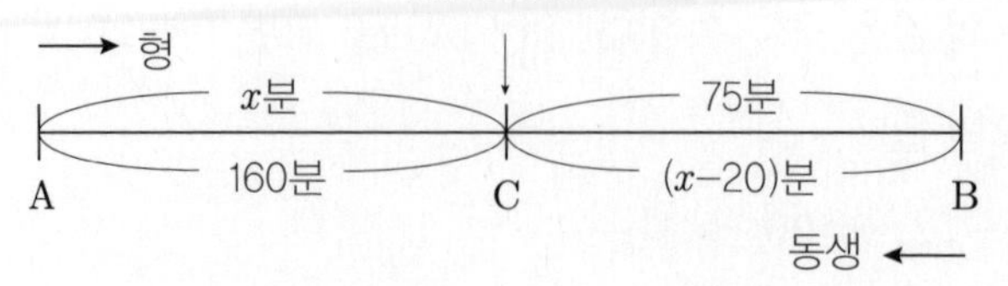

목해서 그림으로 나타내면 〈그림 3〉과 같다. 그러니까 형은 AC 거리를 가는 데 x분 걸렸고, CB 거리를 가는 데 75분 걸렸다는 말이다. 따라서 다음 식이 성립한다.

AC 거리 : CB 거리 $= x : 75$

또 동생은 AC 거리를 가는 데 160분 걸렸고, CB를 가는 데 $(x-20)$분 걸렸다.

AC 거리 : CB 거리 $= 160 : (x-20)$

이제 이 두 식을 모아 하나의 식으로 만들어, 풀이를 해 보자.

$x : 75 = 160 : (x-20)$

$x(x-20) = 75 \times 160$

} a:b=c:d일 때, ad=bc가 성립한다.

$x^2-20x-12{,}000=0$

$(x-120)(x+100)=0$

$x>0$이므로, $x=120$

따라서 형이 집에서 나온 것은 10시 15분의 120분 전, 즉 8시 15분이었던 것이다.

인수분해가 되지 않는 2차 방정식

지금까지 우리는 2차 방정식을 1차 방정식으로 분해해서 푸는 방법에 대해 알아보았다. 하지만 2차 방정식이 모두 1차식으로 인수분해되는 것은 아니다. 중세 수학자들도 그 점에 대해 고민했다. 예를 들어, 다음 식은 (1차식)(1차식)=0의 형태로 만들 수 없다.

$x^2-2x-1=0$: (6)

또 고대 그리스의 대수학자 피타고라스기원전 582년경~기원전 497년경의 저 유명한 피타고라스의 정리에 의해 짝을 이루는 수들 중에서도 해결하지 못하는 예가 있었다. 예를 들어, 〈그림 4-2〉에서 직각 이등변삼각형의 빗변의 길이 x는 당시 사람들은 찾을 수 없는 값이었다.(자세한 내용은 2장 '08. 피타고라스의 정리' 참고)

그림 4 피타고라스 정리와 해결하지 못한 피타고라스 수의 예

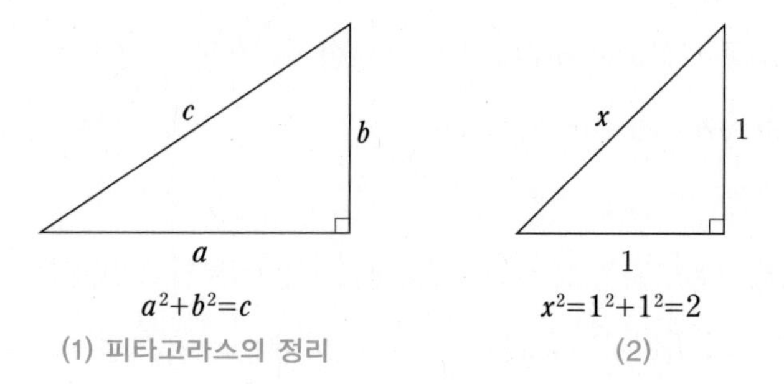

그럼 지금부터 이 문제를 해결해 보자. 〈그림 4-2〉에서 삼각형의 세 변의 길이는 피다고라스의 정리에 의해 나음과 같은 관계에 있다.

$x^2=1^2+1^2=2$

그러니까 x는 제곱하여 2가 되는 수이다. 이것은 한 변의 길이가 1인 정사각형의 대각선 길이이므로 분명히 존재하는 수이지만, 당시 수학자들은 이것을 어떻게 나타내야 할지 몰랐다. 당시에는 정수로도 분수로도 그리고 소수로도 제곱하여 2가 되는 수를 나타낼 수 없었으니 당연한 일이었다. 이것을 해결한 사람은 프랑스의 철학자이자 수학자인 데카르트 1596~1650년였다. 그는 다음과 같이 루트($\sqrt{\ }$)를 생각했다.

$1=\sqrt{1}\times\sqrt{1}$

$2=\sqrt{2}\times\sqrt{2}$

$3=\sqrt{3}\times\sqrt{3}$

$4=\sqrt{4}\times\sqrt{4}$

$5=\sqrt{5}\times\sqrt{5}$

⋮

이처럼 루트를 이용하면 x를 쉽게 구할 수 있다.

$x^2=2=\sqrt{2}\times\sqrt{2}=(\sqrt{2})^2$

$\therefore x=\sqrt{2}$ (단, $x>0$)

제곱해서 2가 되는 것은 $x=+\sqrt{2}$, $x=-\sqrt{2}$로 두 개이지만 여기에서는 삼각형 변의 길이이므로 $x>0$이 되어야 하니까 $x=-\sqrt{2}$가 될 수 없다.

그리고 이로써 1차 방정식으로 분해할 수 없는 2차 방정식을 풀이할 수 있게 되었다. 그럼 이제 2차 방정식 (6)을 풀이해 보자. 지금까지 우리가 이야기한 천칭법과 루트를 이용해 푸는 것이다. 여기에서 중요한 점은 좌변을 ( )^2 형태로 만들어야 한다는 것이다.

$x^2-2x-1=0$: 양변에 1을 더한다.

$x^2-2x=1$: 다시 양변에 1을 더한다.

$x^2-2x+1=2$

$(x-1)^2=2$: 좌변을 전개하면 x^2-2x+1이 된다.

$(x-1)=\pm\sqrt{2}$

$\therefore x=1\pm\sqrt{2}$

이런 풀이방법을 찾기 위한 수학자들의 노고가 없었다면 우리는 아직 풀이방법을 찾고 있었을 것이다. 지금까지 우리가 별 생각 없이 배운 수학 하나하나에 이런 역사가 있었다는 것이 감동적이지 않은가?

2차 방정식의 풀이 공식

그럼 이제 2차 방정식의 풀이 과정을 정리해 보자. 2차 방정식의 일반적인 형태는 다음과 같이 나타낼 수 있다.

$ax^2+bx+c=0$: (7)

앞에서 2차 방정식을 풀이한 대로 이 식에서 x의 값을 구하는 것이다.

먼저 (7)에서 c를 옮기고 양변을 a로 나눈다.

$$ax^2+bx=-c$$

$$x^2+\frac{b}{a}x=-\frac{c}{a}$$

그리고 제곱 형태를 만들기 위해 양변에 $\left(\frac{b}{2a}\right)^2$을 더한다.

$$x^2+\frac{b}{a}x+\left(\frac{b}{2a}\right)^2=-\frac{c}{a}+\left(\frac{b}{2a}\right)^2$$

이제 좌변을 $(\ \ )^2$의 형태로 만든다.

$$\left(x+\frac{b}{2a}\right)^2=-\frac{c}{a}+\left(\frac{b}{2a}\right)^2$$

$$=\frac{b^2-4ac}{4a^2}$$

이제 마지막으로 풀이를 완성하자.

$$x+\frac{b}{2a}=\pm\sqrt{\frac{b^2-4ac}{4a^2}}$$

$$x=\frac{-b\pm\sqrt{b^2-4ac}}{2a}$$ **: 근의 공식**

이것이 2차 방정식 일반식의 x 값이다. 방정식을 풀어서 나오는 x의 값을 '해' 또는 '근'이라고 하고, 위의 공식을 '근의 공식'이라고 한다. 근의 공식을 알았으니, 이제 우리는 어떤 2차 방정식이라도 풀 수 있다.

3차 방정식을 둘러싼 수학자들의 대결

루트(√) 기호는 17세기에 나왔지만, 인수분해를 이용한 2차 방정식을 푼 것은 중세 수학자들이었다. 하지만 그들은 더 이상의 성과를 거두지는 못했고, 14세기에 시작된 문예부흥 운동르네상스이 15세기에 확산되면서 상황이 조금씩 바뀐다. 또 이 시기에는 기술적으로는 인쇄술이 발명되었고 학문적으로는 수식의 형식이 정리되었다. 이런 상황에서 당시 수학자들은 3차 방정식에 도전하게 되었다. 특히 이탈리아에서는 확률이나 방정식의 해법에서 놀랄 만한 발전을 이루었다. 그리고 16세기 이탈리아에서 드디어 3차 방정식의 해법이 나왔다.

당시 많은 수학자가 3차 방정식의 해법을 연구하고 있었지만, 완전한 해법에 최초로 도달한 사람은 타르탈리아1499~1557년라는 사람이었다. 타르탈리아는 이탈리아어로 말더듬이라는 뜻의 별칭이고, 본명은 니콜로 폰타나였다고 한다. 그는 독학으로 수학을 익혀 3차 방정식의 풀이 공식을 만들어냈다.

그런데 재미있는 것은 그 후 3차 방정식의 해법을 둘러싸고 일어난 사건들이다. 타르탈리아 이전에 3차 방정식의 해법을 발견한 사람이 있었는데, 볼로냐 대학의 교수 페로였다. 그는 이 사실을 세상에 공표하지 않고 사위인 피올레에게만 전수해 주었다. 하지만 그의 방법은 특수한 3차 방정식에만 쓸 수 있는 것이었다. 그럼에도 피올레는 이 사실을 자랑하고 다녔다.

이 소문을 전해들은 다르탈리아는 그 전부터 독자적으로 해오던 연구에 더욱 몰두해 마침내 3차 방정식의 해법을 밝혀내기에 이른다. 그러고는 1535년 피올레에게 수학시합을 신청했다. 당시 이탈리아에서는 공개적으로 서로에게 수학 문제를 내서 제한시간 안에 푸는 '수학시합'이 자주 열렸다. 시합 방식은 서로에게 30개의 문제를 내고 그것을 50일 이내에 풀어서 답을 구한 문제의 수가 많은 쪽이 이기는 것으로 했다.

짐작하겠지만, 결과는 타르탈리아의 압승이었다. 그는 피올레가 낸 30문제를 2시간 만에 모두 풀었다. 이에 비해 피올레는 한 문제도 풀지 못했다고 한다.

당시 풍습에 따라 타르탈리아 역시 그 해법을 발표하지는 않았다. 하지만 수학시합의 결과는 빠른 속도로 퍼져 나갔고 많은 사람들이 타르탈리아에게 해법을 배우기 위해 몰려들었다. 하지만 해법을 전수받은 사람은 오직 한 사람이었다. 이 행운의 사나이는 카르다노였다.

카르다노는 도박꾼에 사기꾼으로 꽤 유명했다고 한다. 그는 교묘한 말솜씨로 타르탈리아에게 접근해, 절대 발표하지 않겠다는 약속을 한 다음 해법을 전수받았다. 그러고는 곧바로 자신의 책에 실어 발표해 버렸다. 그래서 지금까지 3차 방정식의 해법은 카르다노의 해법으로 전해지고 있다.

3차 방정식의 풀이

자, 이제 3차 방정식을 풀어보자. 물론 카르다노의 해법으로 풀이하는 것은 아니다. 학교에서 배우는 범위에서 해보기로 하자.

$x^3-2x^2-2x+4=0$: (8) 3차 방정식

우리는 이미 1차 방정식과 2차 방정식을 풀 수 있다. 따라서 3차 방정식을 2차 방정식에서 한 것과 같이 인수분해해서 다음과 같은 형태로 만든다.

(1차식)(2차식)=0

이것을 달리 표현하면 이렇게 쓸 수 있다.

(1차식)=0 혹은 (2차식)=0

그럼 (8)을 풀어보자.

$x^3-2x^2-2x+4=0$

: 이렇게 묶어 준다.

$(x^3-2x^2)-(2x-4)=0$

$x^2(x-2)-2(x-2)=0$

: 공통 부분, $(x-2)$를 묶는다.

$(x-2)(x^2-2)=0$

$\therefore x=2,\ x=\pm\sqrt{2}$

해와 계수의 관계

2차 방정식의 일반식은 앞에서 이미 본 것처럼 (7)의 식과 같다. 그러면 3차 방정식의 일반식은 어떻게 쓰면 좋을까? 간단하다. (8)과 같이 쓰면 된다.

$ax^2+bx+c=0$: (7) 2차 방정식의 일반식

$ax^3+bx^2+cx+d=0$: (8) 3차 방정식의 일반식

그런데 2차 방정식과 3차 방정식의 해와 계수 사이에는 재미있는 관계가 있다. '계수'란 문자와 숫자로 된 곱에서 숫자를 가리키는 말이다. 예를 들면, $3x$에서 3이 계수이다.

먼저 다음의 2차 방정식의 좌변을 인수분해해 보자.

$x^2-4x+3=0$: (9)

$(x-1)(x-3)=0$

$\therefore x=1,\ x=3$

따라서 2차 방정식 (9)의 해는 1과 3이다.

이 두 개의 해와 (9) 식의 x의 계수 사이의 관계, 그리고 두 해와 상수항의 관계를 살펴보면 다음과 같은 사실을 알 수 있다.

x의 계수$=-4=-(1+3)$: 두 해의 합

상수항$=3=1\times 3$: 두 해의 곱

앞에서 우리는 이런 관계를 이용해서 2차식을 인수분해했다. 그럼 이

런 관계를 일반식으로 나타내 보자. 2차 방정식의 일반식 (7)에서 2개의 해가 $x=\alpha$ 알파, $x=\beta$ 베타라고 할 때, 해와 계수의 관계는 다음과 같다.

$$\alpha+\beta=-\frac{b}{a},\ \alpha\beta=\frac{c}{a}$$: 2차 방정식에서 해와 계수의 관계

3차 방정식 역시 해와 계수 사이에 특별한 관계가 있다. 3차 방정식의 일반식 (8)의 해가 $x=\alpha$, $x=\beta$, $x=\gamma$ 감마일 때, 이들 해와 계수 사이에는 다음과 같은 관계가 있다.

$$\left.\begin{aligned}&\alpha+\beta+\gamma=-\frac{b}{a}\\&\alpha\beta+\beta\gamma+\gamma\alpha=\frac{c}{a}\\&\alpha\beta\gamma=-\frac{d}{a}\end{aligned}\right\}$$: 3차 방정식에서 해와 계수의 관계

이것은 알아두면 꽤 쓸 만한 정보가 될 것이다.

그 후 이야기

3차 방정식을 둘러싼 이야기는 그 후 어떻게 되었을까? 물론 타르탈리아는 강력하게 항의했지만 카르다노는 모르는 체했다. 그래서 이번에도 타르탈리아는 카르다노에게 공개시합을 신청했다. 하지만 카르다노는 직접 그 자리에 나가지 않고 제자 페라리1522~1565년를 내보냈다.

그리고 안타깝게도 타르탈리아는 이 젊은이에게 참패를 당하고 만다.

카르다노를 대신해 수학시합에 나간 페라리는 스승 카르다노에게 배운 해법을 더욱 연구해 4차 방정식의 해법까지 발견했다. 그리고 1차에서부터 4차까지 일반 방정식의 풀이를 방정식의 계수 a, b, c 등이나 가감승제사칙연산의 기호와 루트 등을 이용한 거듭제곱근으로 나타냈다. 여기에서 '거듭제곱근'이란, 예를 들어 제곱하여 a가 되는 수를 x라고 했을 때 x를 a의 거듭제곱근이라고 한다. 이때 제곱하여 a가 되는 수는 $\sqrt{a}$, 세제곱하여 a가 되는 수는 $\sqrt[3]{a}$라고 쓴다.

4차 이상의 고차 방정식에 대해서도 알아보고 싶겠지만, 우리 이야기는 여기서 마치기로 하자. 다만, 방정식 이야기를 끝내기 전에 고차 방정식으로 나아가기 위해서는 꼭 알아야 할 '허수'는 알고 가자.

양과 음의 부호, 그리고 곱셈의 의미

다음 식을 보자.

$x^2=-1$: (10)

제곱해서 -1인 수는 없다. 그렇다면 이 문제는 풀 수 없는 것일까? 그렇지 않다. 지금부터는 이것에 대해 알아보자.

음수에 음수를 곱하면 양수가 된다는 것은 알고 있을 것이다. 그런데 왜 그럴까? 예컨대, 다음 식을 보자.

$(-5)\times(-3)=+15$

우리는 늘 이렇게 계산을 해왔다. 하지만 왜 그런지 대답하기란 쉽지 않다. 수직선을 그려놓고 생각해 보자. 〈그림 5〉는 +의 수에 -의 수를 곱하면 -의 수가 된다는 것을 보여준다. 다음은 〈그림 6〉을 보자. -의 수에 -의 수를 곱하면 +의 값이 되는 이유를 보여 준다. 결국 -의 수를 곱한다는 것은 수직선 상에서 0을 기준으로 원래의 위치에서 180° 회전한다는 것을 의미한다.

그림 5

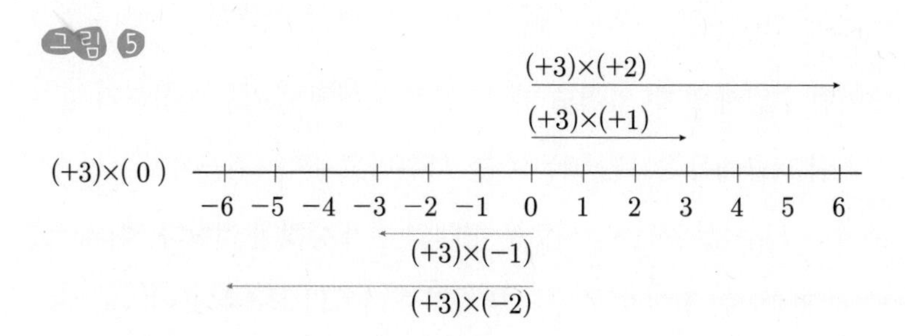

그림 6

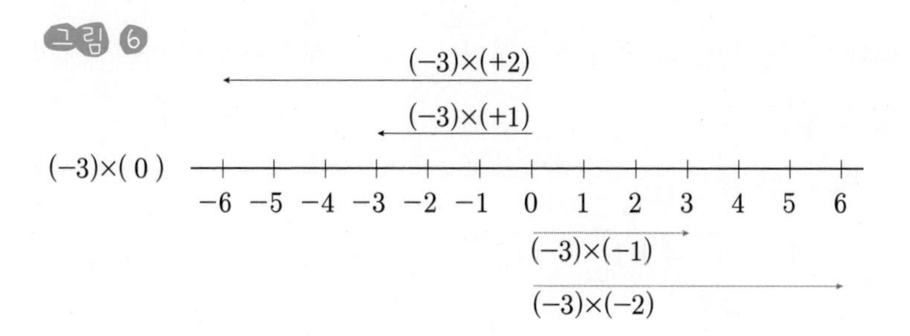

허수란 무엇인가?

다시 (10)의 식으로 돌아가 보자. 앞에서 알아본 대로 음수든 양수든 곱해서 음수가 되는 경우는, 양수에 음수를 곱하거나 음수에 양수를 곱하는 경우이다. 부호가 같은 수를 곱하면 양수가 된다. 그러니까 제곱해서 음수가 되는 수는 없다는 말이다. 그렇다고 해도 우리는 (10)의 방정식을 풀 수는 있다. 예컨대, $x^2=3$일 때 $x=\pm\sqrt{3}$으로 풀이하는 것처럼 다음도 가능하다.

$$x^2=-1 \quad :(10)$$

$$x=\pm\sqrt{-1}$$

어떤 수인지 알 수 없어도 형식적으로는 이렇게 써도 이상하지 않다. 이처럼 제곱해서 음수가 되는 수를 '허수'라고 한다. 지금까지 우리가 다룬 수는 모두 '실수'인데, 새로운 형태의 수가 등장한 것이다. 이 새로운 수에 대해 아는 것이 바로 우리 방정식 이야기의 최종 목표이기도 하다.

자, 그럼 본격적으로 허수 이야기를 시작해 보자. 우선 $\sqrt{-1}=i$로 나타내자. 그러면 다음의 2차 방정식도 근의 공식을 이용해 다음과 같이 풀 수 있다.

$$x^2+x+1=0 \quad :(11)$$

$$x=\frac{-1\pm\sqrt{1^2-4\cdot1\cdot1}}{2\cdot1}=\frac{-1\pm\sqrt{-3}}{2}=\frac{-1\pm\sqrt{3}i}{2}$$

이처럼 형식적으로는 어떤 2차 방정식이라도 풀 수 있다. 이때 $i=\sqrt{-1}$을 '허수 단위'라 하고, 이것과 비교해 1은 '실수 단위'라고 한다.

하지만 $i=\sqrt{-1}$을 이용하는 것은 2차 방정식을 형식적으로 풀기 위한 것뿐만은 아니다. 이것은 다른 중요한 역할을 한다.

허수 단위의 도형적 의미

이제 우리는 방정식 이야기의 최종 목표를 눈앞에 두고 있다. 먼저 아래의 식을 보자.

$$
\begin{aligned}
(\text{어떤 수})\times(-1) &= (\text{어떤 수})\times i^2 \\
&= (\text{어떤 수})\times i\times i
\end{aligned}
$$

이 식에서 i의 제곱($=-1$)을 곱한다는 것은 음수를 곱하는 것이기 때문에 수직선상에서 180° 회전하는 것이다. 그럼 i를 한 번 곱하는 것은 그 반에 해당하는 90°를 회전한다고 생각할 수 있다. 그러면 $(+1)\times i=i$이므로 i는 $(+1)$을 90° 회전한 것이다. 따라서 〈그림 7〉에서 보는 것처럼 세로축 위에 위치한다. 우리가 흔히 실수를 다루는 가로 수직선은 '실수축'이고, 이것과 수직을 이루는 세로 수직선은 허수가 있는 축이기 때문에 '허수축'이라고 한다. 그럼 앞에서 풀이한 2차 방정식 (11)의 해는 어떻게 나타낼 수 있을까?

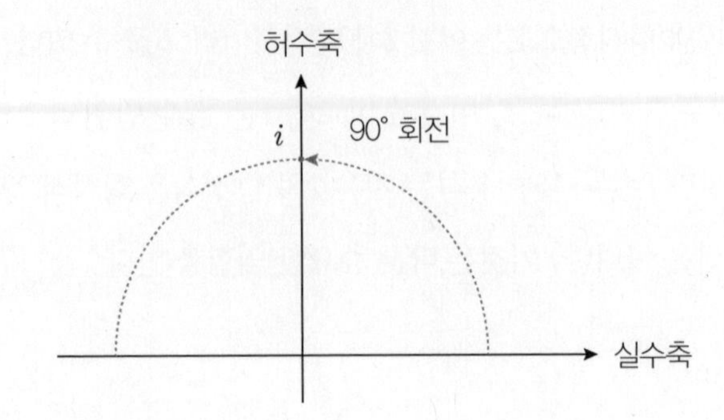

$x^2+x+1=0$: (11)

$$x=\frac{-1\pm\sqrt{3}i}{2}$$

〈그림 8〉은 이 x의 값을 나타낸 것이다. 이와 같이 실수와 허수의 합의 형태로 나타나는 수, 즉 $a+bi$ 형태의 수를 '복소수'라고 한다.

이것은 단순히 수학적 개념을 넘어 물리학에서 다루는 온갖 양을 나타내는 중요한 개념이다. 역학, 전기학, 양자역학 등의 이론이 이것을 발판으로 발전되었다. 그러니까 복소수를 이해하면 물리학이 재미있어진다는 말씀.

그림 8

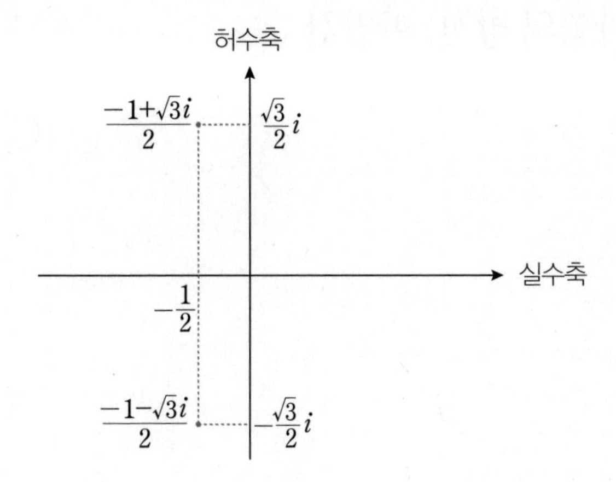
허수축
$\frac{-1+\sqrt{3}i}{2}$
$\frac{\sqrt{3}}{2}i$
실수축
$-\frac{1}{2}$
$\frac{-1-\sqrt{3}i}{2}$
$-\frac{\sqrt{3}}{2}i$

마법의 방진, 마방진

판화를 예술의 경지로 끌어올렸다는 평을 받는 독일의 화가 뒤러Albrecht Dürer, 1471~1528년의 동판화 가운데 〈멜랑콜리아〉라는 이름이 붙은 작품이 있다. 이 작품은 그의 다른 작품들과 마찬가지로 예술적인 가치뿐만 아니라 그 속에 숨은 비밀스럽고 수수께끼 같은 상징들 때문에 오래 전부터 사람들의 관심을 끌어왔다.

그러나 우리가 여기에서 〈멜랑콜리아〉라는 작품에 대해 이야기하는 이유는 그 때문이 아니다. 작품의 오른쪽 윗부분에 그려진 숫자들 때문이다. 가로 4칸, 세로 4줄의 표 속에 그려진 이 숫자들에는 어떤 비밀이 있을까?

뒤러의 판화 속에 있는 숫자들처럼 정사각형 모양으로 배열된 숫자들을 '마방진'이라고 한다. 마방진이라는 말은 영어와 중국어의 영향을 두

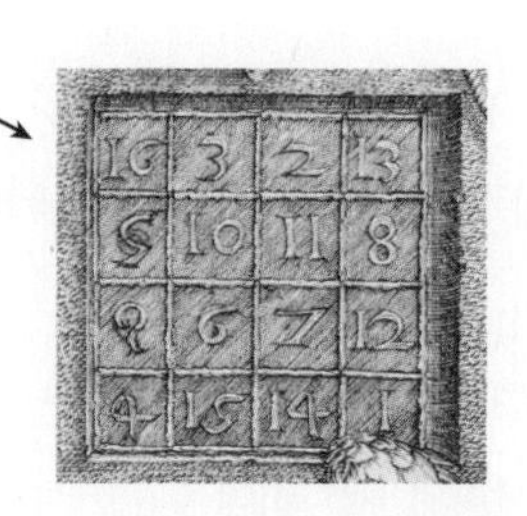

〈멜랑콜리아 1〉, 뒤러, 1514년

루 받은 것이다. 영어에서는 '마법의 정사각형magic square'이라고 하고 중국에서는 그저 '방진'이라고 부르는데, 우리는 이 두 용어를 조합하여 '마방진'이라고 부른다. 여기에서 방진方陣이란, 병사들을 사각으로 배치한 진형을 의미하는 군사용어이다.

방진에도 이름이 있다. 수나 양을 3행 3열로 배열한 것은 3차 방진, 4행 4열로 배열한 것은 4차 방진이라고 하고, n행 n열로 배열한 것을 n차 방진이라고 한다. 하지만 방진이라고 해서 모두 마방진이 되는 것은 아니다. 여기에서 우리는 방진을 마방진으로 바꾸는 이야기를 할 것이다.

뒤러의 마방진

뒤러의 판화 속에 있는 숫자들은 〈그림 1〉과 같다. 1~16까지의 숫자가 4열 4행으로 배치되어 있는데, 이 방진이 어떻게 마방진이 되는지 보자.

그림 1 뒤러의 마방진

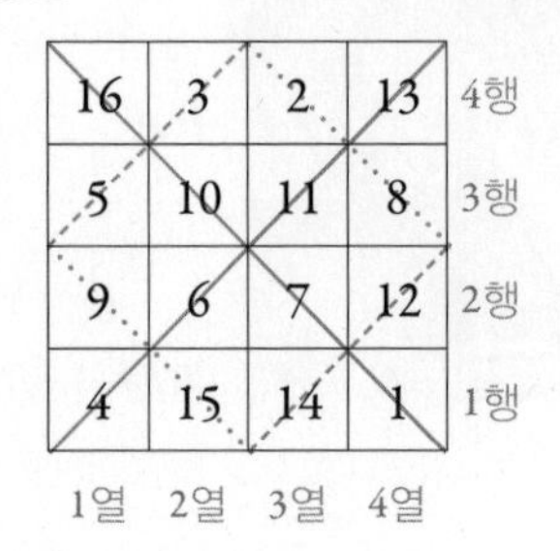

우선 각 행과 각 열에 배열된 수를 더해 보자.

- 1행: 4+15+14+1=34
- 2행: 9+6+7+12=34
- 3행: 5+10+11+8=34
- 4행: 16+3+2+13=34
- 1열: 4+9+5+16=34
- 2열: 15+6+10+3=34
- 3열: 14+7+11+2=34
- 4열: 1+12+8+13=34

1~16까지의 숫자를 4행 4열로 배치한 이 수들 가운데 각 행과 열의 숫자들을 더한 값이 모두 34이다. 이것이 우리가 '마방진'이라고 부르

는 것이다.

일반적으로 1부터 n^2까지의 수를 이런 방식으로 배열한 것을 n차 방진이라고 하고, 각 열과 각 행의 수를 더한 값이 모두 같을 때 'n차 마방진'이라고 부른다. 물론 1이 아닌 다른 수에서 시작하는 n^2개의 수로 이루어진 마방진도 생각할 수 있다. 하지만 이야기를 간단히 하기 위해서 여기에서는 1에서 시작하는 n^2개의 수로 한정하자. 또 마방진에서 각 열, 각 행을 더했을 때 나오는 공통 합을 '(n차) 마방진 값'이라고 한다. 따라서 뒤러의 마방진은 마방진 값이 34인 '4차 마방진'이 되는 것이다.

뒤러의 마방진을 좀 더 살펴보자. 일반적으로 방진에서는 2개의 대각선, 즉 오른쪽으로 올라가는 대각선과 오른쪽으로 내려가는 대각선을 생각할 수 있다. 뒤러의 마방진에서는 이 2개의 대각선상에 있는 수의 합도 34이다.

- 오른쪽으로 올라가는 대각선 수의 합: 4+6+11+13=34
- 오른쪽으로 내려가는 대각선 수의 합: 16+10+7+1=34

그러나 이것이 다가 아니다. 더욱 놀라운 것은 네 귀퉁이의 수를 합하거나 중앙의 수 4개를 합해도 34가 된다는 것이다.

- 네 귀퉁이 수의 합: 4+1+13+16=34
- 중앙 4개 수의 합: 6+7+11+10=34

또 양쪽 대각선과 나란히 그은 짧은 대각선 2개 위에 있는 수의 합, 〈그림 1〉에서 2 종류의 점선 위의 수들을 더해도 역시 각각 34가 된다.

• 오른쪽으로 올라가는 짧은 대각선 수의 합: 14+12+5+3=34

• 오른쪽으로 내려가는 짧은 대각선 수의 합: 9+15+2+8=34

게다가 1행의 2열과 3열의 수와 그와 대칭되는 지점에 있는 4행의 2열과 3열의 수를 더해도 같은 값이 나온다. 물론 2행과 3행의 1열의 수와 4열의 수를 더해도 마찬가지다.

• 15+14+3+2=34

• 5+9+8+12=34

뒤러의 마방진을 보고 있으면 신기하고 놀랍다는 생각이 절로 든다. 멜랑콜리아melencolia는 우울증의 한 종류를 가리키는 말이다. 그래서 뒤러의 방진을 흔히 '우울한 마방진'이라고도 한다. 중세 유럽의 점성술사들은 마방진을 은판에 새겨 부적으로 사용했다고 하는데, 이것이 뒤러의 이 작품 속에 숨은 내용과 관련이 있는 것은 아닐까?

3차 마방진

다음 문제를 보자. 이 문제는 13세기 독일의 책에 소개된 것이다.

• 9개의 병이 있다. 첫 번째 병에는 1dℓ(데시리터), 두 번째 병에는 2dℓ, 세 번째에는 3dℓ, 네 번째는 4dℓ, 다섯 번째는 5dℓ, 여섯 번째는 6dℓ, 일곱 번째

는 7dℓ, 여덟 번째는 8dℓ, 아홉 번째는 9dℓ의 술이 들어 있다. 각각의 병에 들어 있는 술을 합치지 않고, 세 사람이 똑같이 나누어 갖는 방법을 찾아라.

이 문제를 풀기 위해서는 우선 3차 방진을 만들고, 거기에 각각의 병에 들어 있는 술의 양을 마방진이 되도록 적어 넣으면 된다. 다시 말해 1에서 9까지의 수를 이용한 3차 마방진을 만들면 된다는 것이다.

마방진을 만들기 위해서는 가장 먼저 마방진 값을 구해야 한다. 마방진 값을 구하는 방법은 간단하다. 우선 9개의 수를 모두 더한다. 이 문제에서 9개의 수는 9개의 병에 든 술의 양이다. 이것을 모두 합하면 45 dℓ이다.

$1+2+3+4+5+6+7+8+9=45(d\ell)$

이것을 세 사람이 똑같이 나누어 가져야 하므로 각 행과 각 열의 수의 합은, 45를 3으로 나누어 나오는 15가 되어야 한다. 그러니까 이 3차 마방진 값은 15이다. 덧붙여 여기에서도 양쪽 대각선에 있는 수의 합 역시 마방진 값인 15가 되도록 한다. 〈그림 2〉의 3차 마방진은 그렇

그림 2 3차 마방진

2	7	6
9	5	1
4	3	8

게 해서 나온 것이다.

중국에서는 더 오래된 마방진이 전해져 온다. 예인이나 수리數理의 기본이 되는 책, ≪하도낙서≫에 기록된 마방진이다. 〈그림 3〉은 〈낙서〉洛書에 있는 거북 등 그림이다. 이것은 3차 마방진인데, 은나라기원전 1550~기원전 1066년 이전에 있었다는 중국 최초의 왕조 하나라에서 전해 내려오는 것이다. 하나라의 시조인 우임금 때, 황하의 지류 가운데 하나인 낙수에 나타난 거북신의 등에 그려져 있었다고 한다.

그림 3 낙서

4	9	2
3	5	7
8	1	6

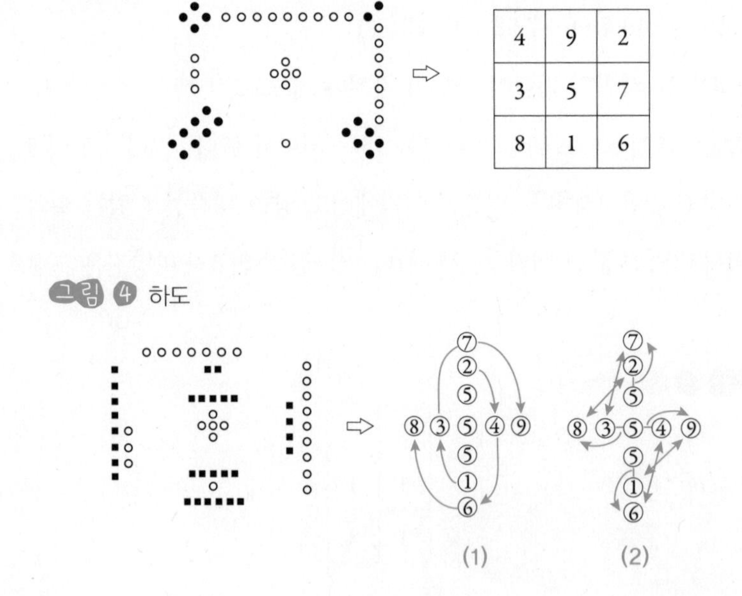

그림 4 하도

〈낙서〉와 함께 고대 중국의 전설로 알려진 〈하도〉河圖는, 머리는 사람인데 몸이 뱀이었다는 전설의 왕 복희씨 때, 황하에 나타난 용마가 등에 지고 나왔다는 그림을 말한다. 〈하도〉에 나타난 숫자들은 〈그림 4〉의 (1)과 (2), 두 가지 방식으로 설명할 수 있다.

4~10차 마방진

남송시대 양휘의 ≪속고적기산법≫續古摘奇算法이라는 수학책에는 〈그림 5〉와 같은 4차 마방진이 실려 있다. 이 4차 마방진의 제1열과 제2열, 그리고 제3열과 제4열을 각각 맞바꾸고, 다시 제2열과 제3열을 교환하면 뒤러의 동판화 〈멜랑콜리아〉에 그려진 마방진이 된다.

한편 1956년 중국 서안西安에서 이슬람 숫자가 새겨진 철판이 출토되

그림 5 4차 마방진

2	16	13	3
11	5	8	10
7	9	12	6
14	4	1	15

그림 6 6차 마방진

28	4	3	31	35	10
36	18	21	24	11	1
7	23	12	17	22	30
8	13	26	19	16	29
5	20	15	14	25	32
27	33	34	6	2	9

었다. 그 철판은 원나라1271~1368년 때 이슬람에서 중국으로 전해진 것인데, 거기에는 6차 마방진이 그려져 있었다. 〈그림 6〉은 거기에 그려진 6차 마방진이다.

또 4차 마방진이 실려 있는 남송시대의 수학책 ≪속고적기산법≫에는 〈그림 7〉과 같은 10차 마방진도 실려 있다. 하지만 이것은 완전한 마방진은 아니다. 10차 마방진의 마방진 값은 505인데, 이 마방진의 경우, 각 행과 각 열의 수들의 합은 마방진 값이 되지만, 양쪽 대각선의 수들의 합은 다르기 때문이다.

그림 7 10차 마방진

1	20	21	40	41	60	61	80	81	100
99	82	79	62	59	42	39	22	19	2
3	18	23	38	43	58	63	78	83	98
97	84	77	64	57	44	37	24	17	4
5	16	25	36	45	56	65	76	85	96
95	86	75	66	55	46	35	26	15	6
14	7	34	27	54	47	74	67	94	87
88	93	68	73	48	53	28	33	8	13
12	9	32	29	52	49	72	69	92	89
91	90	71	70	51	50	31	30	11	10

마방진의 열과 행

지금까지 우리는 여러 종류의 마방진을 살펴보았다. 그렇다면 마방진을 만드는 방법은 없을까? 3차 마방진이나 4차 마방진은 특별한 방법을 알지 못해도 만들 수 있다. 각 행과 각 열의 숫자들, 거기다가 대각선의 숫자까지 일일이 다 더하면서 만들어도 그다지 어렵지 않다. 하지만 차수가 커지면, 예컨대 6차나 10차 마방진 등은 이런 방법으로는 만들기 어렵다. 뭔가 다른 방법은 없을까?

이제 마방진을 만드는 방법에 대해 생각해 보자. 그러기 위해서는 먼저 알아야 할 것들이 있다. 우선 방진의 행과 열을 구분하기 위해 번호를 붙이는 방법이다. 행 번호는 아래부터 위로, 열 번호는 왼쪽에서 오른쪽으로 매겨 나간다.

또 각 교차점은 열 번호와 행 번호를 순서대로 지정한 순서쌍을 이용한다. 예를 들면, 제2열과 제3행의 교차점은 (2, 3)으로 나타내고, 그 수는 '(2, 3) 성분'이라고 한다. 이것은 우리가 흔히 사용하는 xy 좌표를 표현할 때와 같은 방법이다. 〈그림 7〉에서 예를 들자면, '93은 (2, 3) 성분이다' 또는 '93은 (2, 3)의 위치에 놓여 있다'고 말한다.

마방진 값

마방진을 만들 때 무엇보다 중요한 것은 마방진 값이다. 마방진 값을 구하는 방법은 간단하다. 예를 들어, 3차 마방진은 1부터 9까지의 수를 이용하기 때문에, 우선 그 수를 모두 더한 합계를 구한 다음, 행과 열의 수인 3으로 나누어 준다.

$1+2+3+ \cdots\cdots +9=45$

$45\div3=15$: 3차 마방진 값

4차 마방진 값, 34 역시 같은 방법으로 구할 수 있다. 34는 1부터 $4^2(=16)$까지의 합을 4로 나눠서 얻은 것이다.

그렇다면 이제 마방진 값을 구하는 일반식, 다시 말해 n차 마방진 값을 구하는 식을 만들어 보자. 우선 마방진의 수를 모두 더한 값, S를 구해야 한다.

$$
\begin{array}{rl}
 & S=1+2+ \cdots\cdots +(n^2-1)+n^2 \\
+) & S=n^2+(n^2-1)+ \cdots\cdots +2+1 \\
\hline
 & 2S=(n^2+1)+(n^2+1)+ \cdots\cdots +(n^2+1)+(n^2+1) \\
 & \quad =n^2(n^2+1)
\end{array}
$$

$$S=\frac{n^2(n^2+1)}{2}$$: n차 마방진 수들의 합계

그런 다음 S를 n으로 나눠 마방진 값을 구한다.

$$\frac{S}{n}=\frac{n(n^2+1)}{2}$$: n차 마방진 값

이제 어떤 마방진 값도 구할 수 있다. 예를 들어 6차와 10차 마방진 값를 구해 보자.

$$\frac{6\times(6^2+1)}{2}=111$$: 6차 마방진 값

$$\frac{10\times(10^2+1)}{2}=505$$: 10차 마방진 값

마방진 만들기

이제 본격적으로 마방진을 만들어 보자. 먼저 3차 마방진이다. 3차 마방진 값이 15라는 것은 잊지 않았겠지?

어디에서 시작해도 좋지만, 여기에서는 (3, 3)에 9를 넣어 보자. 그럼 9를 포함하는 행 또는 열에 8, 7, 6을 둘 수가 없게 된다. 당연한 것이지만, 그러면 마방진 값을 넘어 버리거나 마방진 값과 같아져 버리기 때문이다.

9+8=17, 9+7=16, 9+6=15

그래서 9와 만나지 않는 곳에 8과 7, 6을 넣어야 한다. 그럼 〈그림 8-1〉에서처럼 (1, 2)에 8을, (2, 1)에 7을, (1, 1)에 6을 넣어 보자.

그림 8

	1열	2열	3열
3행	1		9
2행	8		
1행	6	7	2

(1)

1	5	9
8	3	4
6	7	2

(2)

그런 다음 제1행부터 수를 채워 나간다. 제1행에 이미 자리 잡은 수를 더하면 6+7=13이므로, (3, 1)에는 2를 넣어야 한다. 그리고 제1열에는 6+8=14이므로 (1, 3)에는 1을 넣어야 한다. 마찬가지 방법으로 (2, 3)에는 5를, (3, 2)에는 4, 마지막으로 (2, 2)에는 3을 넣으면 된다. 그러면 〈그림 8−2〉와 같은 3차 마방진이 완성된다.

하지만 이런 방법도 그렇게 영리해 보이지 않는다. 게다가 이것은 3차 마방진이므로 가능한 것이다. 4차, 5차…… 마방진의 경우에는 그렇게 간단하지가 않다. 그래서 이번에는 마방진을 만드는 가장 효율적인 방법에 대해 알아보자. 우선 홀수차 마방진을 만드는 방법이다. 흔히 '경사방식'이라고 부르는 것이다.

홀수차 마방진 만들기

경사방식은 방진을 확대해서 펼치는 것에서 시작한다. 〈그림 9〉와 같이 가로와 세로로 같은 간격의 평행선을 그어 평면상에 교점을 만드는 것이다. 이것을 '격자' 또는 '무한방진'이라고도 한다. 어떤 것이라도 좋지만 우선 3차 방진 하나를 정하고, S라고 이름을 붙여 보자. 〈그림 9〉에서는 가운데 있는 3차 방진이다.

이제 S에 9개의 수를 넣어 마방진을 만들어 보자. S를 상하좌우에 교

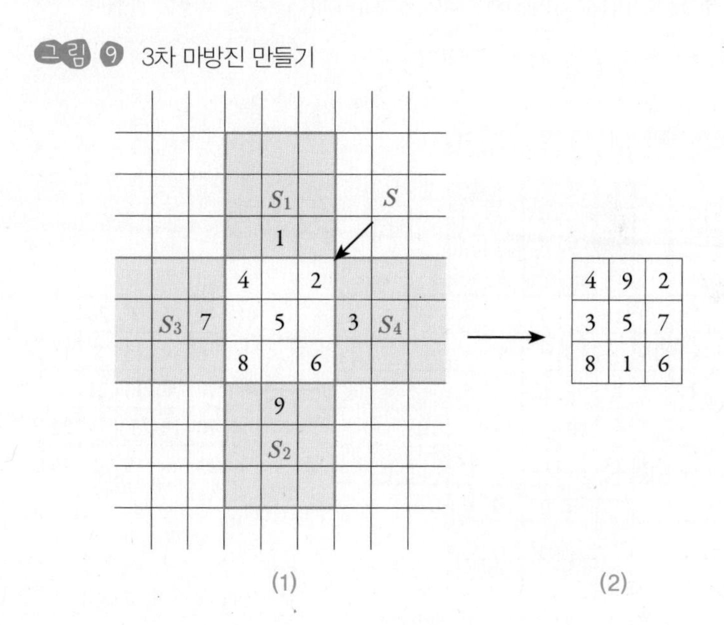

그림 9 3차 마방진 만들기

점 3개씩 겹치지 않게 평행이동하여 얻을 수 있는 3차 방진 4개를 S의 복사(혹은 그림자)라 부르고, S_1, S_2, S_3, S_4라 한다.

이제 〈그림 9−1〉과 같이 3개씩 비스듬히 숫자 1~9를 써 넣는다. 그런 다음 S_1, S_2, S_3, S_4를 평행이동하여 S와 완전히 겹치도록 놓는다. 그러면 S_1에 있는 1은 S의 (2, 1) 성분이 된다. S_2, S_3, S_4에 각각 들어 있는 9, 7, 3도 S의 (2, 3), (3, 2), (1, 2)의 위치로 각각 옮길 수 있다. 이렇게 해서 〈낙서〉의 3차 마방진을 쉽게 얻을 수 있다.

경사방식은 5차, 7차, 9차, …… 등 모든 홀수차 마방진을 만드는 데 쓸 수 있다. 예컨대 5차 마방진을 경사방식으로 만들면 〈그림 10〉과 같다. 여기서 마방진 값은 65이고, 두 대각선 수의 합도 65가 된다.

그림 10 5차 마방진 만들기

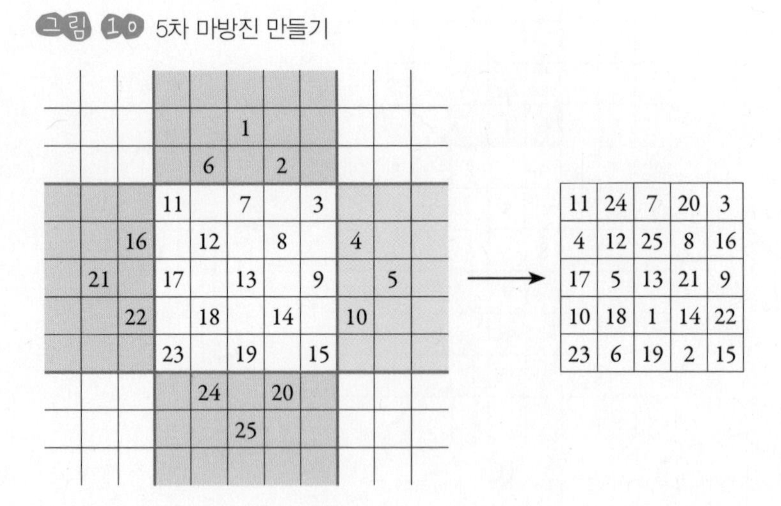

11	24	7	20	3
4	12	25	8	16
17	5	13	21	9
10	18	1	14	22
23	6	19	2	15

짝수 차 마방진 만드는 방법

짝수차 마방진, 그러니까 n이 짝수인 경우는 어떻게 만들까? 일반적으로 짝수차의 마방진은 홀수차 마방진에 비해 만들기가 어렵다. 그래서 뒤러의 〈멜랑콜리아〉에 나오는 4차 마방진이나 ≪속고적기산법≫에 나오는 4차와 10차 마방진, 또 중국 원나라 때의 철판에 새겨진 6차 마방진과 같은 짝수차 마방진을 그렇게 오래 전에 얻었다는 것은 매우 놀라운 일이다.

〈그림 11〉은 4차 마방진을 만드는 방법을 나타낸 것이다. 우선 1부터 16까지의 숫자를 〈그림 11－1〉과 같이 순서대로 나열한다. 이렇게 순서대로 나열하는 방진을 '자연방진'이라고 한다. 그런 다음 양쪽 대각선상의 수는 그대로 두고, 별색으로 표시된 수들을 중심점을 기준으로 대칭 위치에 있는 수와 교환하는 방법이다. 이렇게 얻은 4차 마방진은 양

그림 11 4차 마방진 만들기

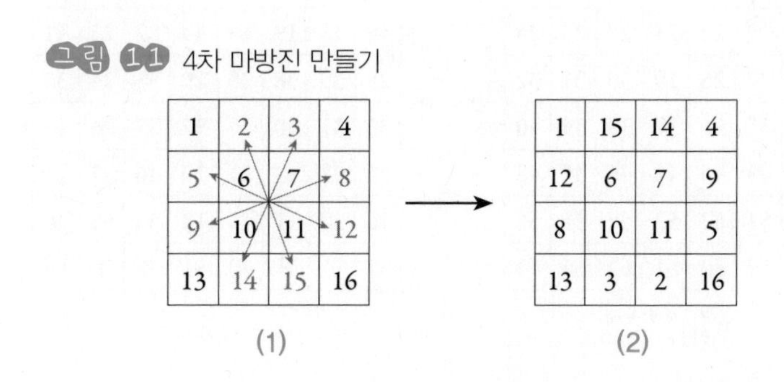

쪽 대각선상의 수의 합도 마방진 값인 34가 된다.

8차 마방진도 이와 같은 '내칭방식'으로 만들 수 있다. 단, 약간의 변경이 필요하다. 먼저 1에서 64까지의 수로 자연방진을 만든 후, 그것을 4등분하고 4개의 사각형에 각각 대각선을 2개씩 그린다. 그런 다음 〈그림 12〉에서 보는 것처럼 대각선 위에 있는 수는 그대로 두고, 나머지 수들은 8차 마방진의 중심점을 기준으로 서로 대칭 위치에 있는 것끼리 교환하는 것이다. 몇 개만 예를 들면, 〈그림 12-2〉에서 점선 양 끝에 있는 수들이 그렇게 서로 교환한 수들이다.

그러나 짝수차 방진에서 n이 4로 나누어지지 않을 때도 있다. 예를 들어, 6차 방진의 경우를 보자. 이때는 4차 방진을 확대하는 방법을 쓴

그림 12 8차 마방진 만들기

1	2	3	4	5	6	7	8
9	10	11	12	13	14	15	16
17	18	19	20	21	22	23	24
25	26	27	28	29	30	31	32
33	34	35	36	37	38	39	40
41	42	43	44	45	46	47	48
49	50	51	52	53	54	55	56
57	58	59	60	61	62	63	64

(1)

→

1	63	62	4	5	59	58	8
56	10	11	53	52	14	15	49
48	18	19	45	44	22	23	41
25	39	38	28	29	35	34	32
33	31	30	36	37	27	26	40
24	42	43	21	20	46	47	17
16	50	51	13	12	54	55	9
57	7	6	60	61	3	2	64

(2)

다. 우선 4차 마방진의 각 수에 10을 더해 고쳐 쓴 다음, 4차 방진을 사방 1칸씩 확대해 6차 방진을 만든다. 그런 후에는 4차 방진의 둘레의 빈 칸에 적당한 수를 써 넣으면 6차 마방진을 만들 수 있다.

〈그림 13〉은 이런 확대방식을 그림으로 나타낸 것이고, 〈그림 14〉는 이 확대에 필요한 바깥 틀을 나타낸 것이다. 이렇게 해서 6차 마방

그림 13 4차 마방진으로 6차 마방진 만드는 방법

8	11	14	1
13	2	7	12
3	16	9	6
10	5	4	15

4차 마방진

→ (+10)

	18	21	24	11	
	23	12	17	22	
	13	26	19	16	
	20	15	14	25	

빈 칸에 6차 마방진 합계에 맞는 수를 채운다.

28	4	3	31	35	10
36					1
7					30
8					29
5					32
27	33	34	6	2	9

진이 완성되었다.

또 반대로 〈그림 14〉의 공백에 임의의 4차 마방진을 넣고 그 각 수에 10을 더하는 것만으로도 6차 마방진이 완성된다. 하지만 이렇게 바깥틀을 만드는 방법은 매우 번거롭고 복잡하기 때문에 여기서는 생략하기로 한다.

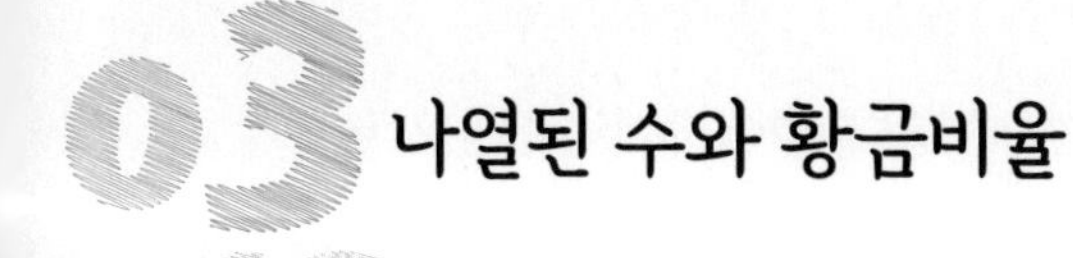

03 나열된 수와 황금비율

나열된 수의 규칙

초등학교 때 나열된 숫자들을 보고 다음에 올 수를 알아맞히는 문제를 풀어본 적이 있을 것이다. 이런 문제를 풀 때 중요한 것은 수들이 어떤 규칙으로 나열되었는지 알아내는 것이다. 지금부터 우리가 이야기하려는 것이 바로 그렇게 나열된 수, 다시 말해 '수열'에 대한 것이다.

먼저 다음의 수열을 보자. 여기에서는 편의상 이 수열에 (1)이라는 번호를 붙이기로 하자.

1, 1, 2, 3, 5, 8, 13, 21, 34, 55, 89, …… : (1)

지금 우리가 알아보려는 것은 이 수열의 배열 규칙이다. 나열된 수의 규칙을 찾는 문제는 초등학교 때부터 다루어 봤을 테니까, 자세히 살펴보면 어렵지 않게 알 수 있을 것이다. (1)의 수열에서 각 수들은 서로 다음과 같은 관계에 있다.

$1+1=2,\ 1+2=3,\ 2+3=5,\ 3+5=8,$

$5+8=13,\ 8+13=21,\ \cdots\cdots$

다시 말해, 첫 번째와 두 번째 수의 합은 세 번째 수가 되고, 두 번째와 세 번째 수의 합은 네 번째 수가 된다. 그 다음에 오는 수도 마찬가지다. 그러니까 수열 (1)은 각각 순서대로 바로 앞의 두 수의 합인 수들을 나열한 것이다.

문자로 수열 나타내기

그런데 수열을 간단하게 나타내는 방법은 없을까? 이렇게 나열해서 보여 주는 것 말고 간단하게 나타내는 방법 말이다. 물론 있다. 자, 이제 앞에서 제시한 수열에서 수들이 나열된 규칙을 간단하게 나타내는 방법에 대해 생각해 보자. 우선 수열을 일반적으로 나타내기 위해 숫자 대신 문자를 사용한다.

• $a, b, c, d, e, f, \cdots\cdots$

이것을 앞의 수열에 대입해 보면 다음과 같다.

• $a=1, b=1, c=2, d=3, e=5, f=8, \cdots\cdots$

그런데 끝없이 계속되는 수열, 즉 무한수열無限數列에는 이런 방법을 사용할 수 없다. 머지않아 문자를 다 사용해 버릴 것이기 때문이다. 그래서 문자는 하나만 사용한다. 예컨대 a만 사용하는 것이다. 대신 첨자를 이용해 구분해 준다. 첫 번째는 a_1, 두 번째는 a_2………로 나타내면 되는 것이다.

• a_1, a_2, a_3, …… a_n, ……

이제 여기에 (1)의 수열을 대입해 보자.

• $a_1=1$, $a_2=1$, $a_3=2$, $a_4=3$, $a_5=5$, $a_6=8$, $a_7=13$…… a_n, ……

이런 식으로 나타내면 수가 끝없이 이어져도 아무 문제가 없다. 더욱이 어떤 수가 몇 번째 수인지 한눈에 알 수 있다. 이때 a_1을 제1항 또는 첫항, a_2를 제2항이라고 하고, a_n을 제n항 혹은 일반항이라고 한다. 그리고 일반항이 a_n인 수열을 간단하게 $\{a_n\}$이라고 쓴다.

• a_1 : 제1항 또는 첫항

• a_2 : 제2항

• a_n : 제n항 혹은 일반항

• $\{a_n\}$: 일반항이 a_n인 수열

수열 정확하게 나타내기

그렇다면 (1)의 수열은 어떻게 나타내면 좋을까? 이 수열에서 제1항과 제2항 그리고 제3항의 관계는 '제1항과 제2항의 합은 제3항과 같다'라고 할 수 있다. 이것을 기호로 단순하게 표현하면 다음과 같다.

• $a_1+a_2=a_3$

그리고 연이어 나오는 '제2항과 제3항의 합은 제4항과 같다'이고 이것을 간단하게 나타내면 다음과 같다.

• $a_2+a_3=a_4$

그 뒤를 잇는 수들도 같은 규칙으로 나열되어 있다. 그럼 이 수열의 규칙을 한마디로 '어떤 항과 그 다음 항의 합은 그 다음 다음 항과 같다'고 할 수 있을 것이다. 여기에서 일반항이 사용된다. 즉, '어떤 항'을 제 n항으로 하면 '그 다음 항'은 제$(n+1)$항, '그 다음 다음 항'은 제$(n+2)$항이 되는 것이다.

따라서 (1)의 수열은 다음과 같이 나타낼 수 있다.

• $a_n+a_{n+1}=a_{n+2}$, $n=1, 2, 3\cdots\cdots$: (2)

그러나 (2)가 성립되는 수열은 (1)과는 다르다. 수열 (2)에서는 출발점인 a_1, a_2가 무엇인지 알 수 없고, 정해 두지 않았으니 어떤 수가 와도 상관없기 때문이다. 예를 들어, $a_1=2$, $a_2=5$로 했을 경우를 보자. 이 경우 a_3과 a_4, a_5는 다음과 같은 값이 된다.

• $a_3 = a_1 + a_2 = 2 + 5 = 7$

• $a_4 = a_2 + a_3 = 5 + 7 = 12$

• $a_5 = a_3 + a_4 = 7 + 12 = 19$

이 경우 다음과 같은 수열이 구해진다.

• 2, 5, 7, 12, 19, ……

따라서 수열 (1)을 정확히 나타내기 위해서는 a_1와 a_2의 값을 미리 정해 두어야 한다. '수열 (1)에서 a_1과 a_2의 값은 둘 다 1이다.' 이처럼 수열의 시작에 일정한 수를 지정해 주는 것을 '초기조건'이라고 한다.

이제 수열 (1)을 초기조건까지 달아 완전한 형태로 나타내 보자.

$$\left.\begin{array}{l} a_1 = 1,\ a_2 = 1 \quad : \text{초기조건} \\ a_n + a_{(n+1)} = a_{(n+2)},\ n = 1, 2, 3, \cdots\cdots \end{array}\right\} : (3)$$

이제 (3)을 만족하는 수열은 (1)밖에 없다.

피보나치수열

지금까지 우리가 알아본 이 수열은 사실 아주 유명한 수열이다. 바로 '피보나치수열'이다. 이렇게 단순한 수열이 그토록 유명한 데에는 특별한 이유가 있다. 그 수열의 수들이 자연계의 일반법칙을 나타내기 때문이다. 자세한 내용은 차차 알아보기로 하고, 먼저 피보나치라는 수학자에 대해 알아보자.

피보나치는 이탈리아의 수학자로, 레오나르도 피사이오Leonardo pisanio, 1170~1250년경라고도 불린다. 이것은 이탈리아 피사 출신의 레오나르도라는 뜻이다. 저 유명한 화가 레오나르도 다빈치Leonardo da Vinci, 1452~1519년가 빈치 출신의 레오나르도라는 뜻인 것과 비슷하다. 피보나치에도 재미있는 의미가 담겨 있는데, 이탈리아 말로 '남에게 호감을 주는 녀석'이라는 뜻이다.

피보나치는 아라비아에서 발달한 수학을 정리해 1202년에 ≪산술 교본 Liber Abaci ≫을 저술했는데, 이 책에서 그는 1에서 9까지 아홉 개의 숫자와 더불어 '비어 있음'을 의미하는 기호 0을 이용하는 인도 기수법을 처음으로 유럽에 소개했다. 인도의 수체계가 아라비아를 거쳐 이렇게 유럽으로 소개된 것이다. 이 책은 수세기 동안 '수학 지식의 보고'라고 불렸다.

또 1220년에는 기하학에 대한 저서 ≪기하학 교본Liber Quadratorum≫을 썼는데, 여기에서는 기하학의 창시자로 불리는 유클리드를 소개하고 몇 가지 정리를 증명하기도 했다.

토끼는 모두 몇 쌍일까?

'피보나치수열'은 다음의 토끼 문제에서 비롯되었다. 문제를 보자.

- 한 쌍의 토끼는 태어나서 2개월 이후부터 매월 암수 한 쌍의 토끼를 출산한다. 지금 암수 한 쌍의 토끼가 있다면 n개월째는 몇 마리의 토끼가 있겠는가? 단, 토끼는 죽지 않는다고 가정한다.

이 문제는 피보나치가 제시한 것이다. 실제로 그는 많은 토끼를 길렀는데, 그 경험에서 나온 문제가 아닌가 한다. 물론 마지막 조건은 실제로는 있을 수 없는 일이지만, 계산을 위한 조건으로 받아들이자.

〈그림 1〉은 이 문제를 설명하기 위한 것이다. 여기에서 토끼의 색이 두 종류인 것은 출산할 수 없는 토끼와 출산할 수 있는 토끼를 구분하기 위해서이다. 즉, 태어난 첫 달이어서 새끼를 낳을 수 없는 토끼 한 쌍은 흰색으로, 다음 달이 되어 새끼를 한 쌍씩 출산하게 된 토끼는 검은 색으로 나타낸 것이다. 따라서 첫 달의 흰 토끼 한 쌍은, 2개월 이후에는 검은 토끼 한 쌍으로 바뀐다.

자, 이제 〈그림 1〉을 살펴보자. 첫 달에는 출산을 할 수 없는 흰 토끼 한 쌍이 있다. 두 번째 달에는 첫 달에 흰색이었던 토끼들이 검은 색으로 바뀐다. 출산이 가능한 토끼가 되었다는 뜻이다. 하지만 새끼 한 쌍

그림 1

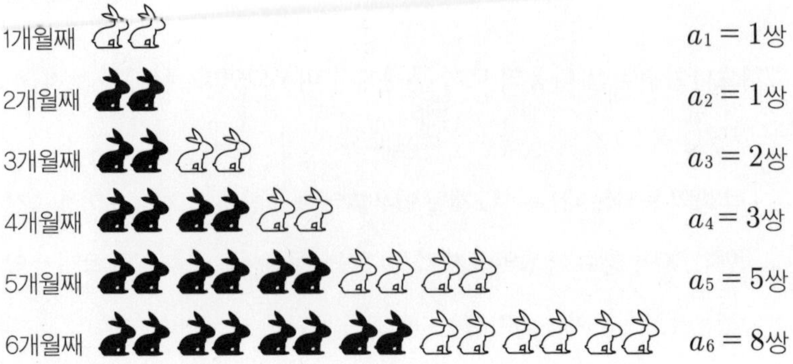

1개월째 $a_1 = 1$쌍

2개월째 $a_2 = 1$쌍

3개월째 $a_3 = 2$쌍

4개월째 $a_4 = 3$쌍

5개월째 $a_5 = 5$쌍

6개월째 $a_6 = 8$쌍

을 출산하는 데에는 다시 한 달이 필요하다. 그래서 두 번째 달에는 검은 색 토끼 한 쌍뿐이다. 세 번째 달에는 검은 토끼 한 쌍과 그 토끼들이 출산한 흰 토끼 한 쌍이 있게 된다.

네 번째 달에는 처음부터 있던 검은 토끼 한 쌍과, 세 번째 달에 태어나 검은 색으로 바뀐 토끼 한 쌍, 그리고 처음의 토끼 한 쌍이 새로 낳은 흰 토끼 한 쌍, 이렇게 모두 세 쌍의 토끼가 있게 된다.

이렇게 이어가면 다섯 번째 달과 여섯 번째 달……의 토끼 수를 구할 수 있다. 물론 시간이 많이 걸릴 것이다. 게다가 우리가 구하려고 하는 n개월째 토끼의 수를 구하는 데에는 이런 방법이 맞지 않다. 이보다는 수열의 성격을 파악하고 그것을 식으로 나타내는 방법을 찾는 것이 필요하다.

세 항의 관계식

앞에서 우리는 수열의 일반항에 대해 알아보았다. 그것을 여기에 적용시켜 보자. 우선 n개월째의 토끼 쌍의 수를 a_n으로 하고, a_n, a_{n+1}, a_{n+2}……… 사이의 관계식을 구하는 것이다.

〈그림 2〉를 보자. a_n 중에는 검은 토끼 몇 쌍과 흰 토끼 몇 쌍이 포함되어 있지만, 이들은 모두 $(n+1)$개월째는 검은 토끼가 된다. 즉 $(n+1)$개월째의 검은 토끼 쌍의 수는 a_n이다. 그러나 $(n+1)$개월째는 검은 토끼 외에 n개월째의 검은 토끼들이 출산한 흰 토끼들이 있다. 검은 토끼 a_n쌍과 그들 사이에서 태어난 흰 토끼를 합쳐서 a_{n+1}쌍의 토끼가 있는 것이다.

그림 2

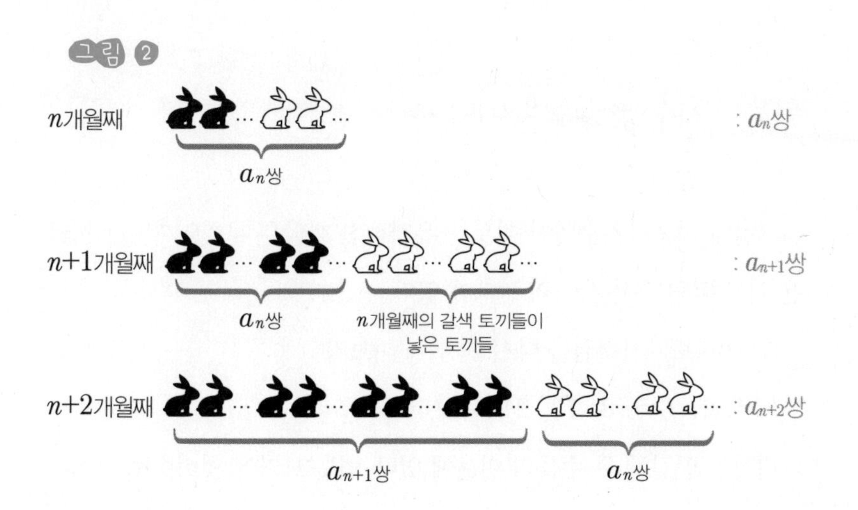

그렇다면 $(n+2)$ 개월째에는 어떻게 될까? $(n+1)$ 개월째 토끼 수는 모두 (a_n+1) 쌍이고, 이 토끼들은 모두 $(n+2)$ 개월째에는 검은 토끼들이 된다. 또 n 개월째의 검은 토끼 a_n 쌍은 a_n 쌍의 흰 토끼를 출산한다. 따라서 $(n+2)$ 개월째 토끼 쌍의 수인 (a_{n+2})는 다음과 같은 관계식으로 얻을 수 있다.

$a_{n+2}=a_{n+1}+a_n$: (4)

여기서 초기조건은 '$a_1=1$, $a_2=1$'이니까, 이 수열이 바로 앞에서 우리가 알아본 수열 (3), 그러니까 피보나치수열인 것이다.

그런데 이 수열의 구조를 제시한 것은 피보나치이지만, 그 관계식 (4)를 밝힌 것은 유명한 천문학자 케플러1571~1630년이다. 피보나치로부터 약 400년이나 뒤에 있었던 일이다.

피보나치수열에 숨은 비밀

그런데 피보나치수열이 이토록 유명해진 까닭은 무엇일까? 그 까닭은 이 수열의 수들 사이의 관계에 있다.

(1)의 피보나치수열을 다시 한 번 살펴보자.

1, 1, 2, 3, 5, 8, 13, 21, 34, 55, 89, …… : (1)

비밀은 인접한 두 수들의 비율에 있다. 언뜻 보기에 엇비슷해 보이는

데, 실제로는 얼마인지 알아보자. 인접한 두 수의 비[뒷수와 앞수의 비]를 분수의 형태로 하여 수열을 만들어 보는 것이다. 즉 피보나치수열 $\{a_n\}$의 수들을 다음과 같이 계산하는 것이다.

$$\frac{a_{n-1}}{a_n}\ (n=1,2,3,\cdots)$$

n	1	2	3	4	5	6	7	8	9	10	11	12	13
a_n	1	1	2	3	5	8	13	21	34	55	89	144	233
a_{n-1}/a_n	–	1	0.5	0.66⋯	0.6	0.625	0.615⋯	0.619⋯	0.6176⋯	0.6181⋯	0.6179⋯	0.61805⋯	0.61802

이제 이렇게 얻은 값을 큰 순으로 나열해 보자.

$$\frac{a_1}{a_2} > \frac{a_3}{a_4} > \frac{a_5}{a_6} > \frac{a_7}{a_8}\cdots > g > \cdots > \frac{a_8}{a_9} > \frac{a_6}{a_7} > \frac{a_4}{a_5} > \frac{a_2}{a_3}$$

이렇게 놓고 보면, '인접한 두 수의 비'가 어떤 수에 가까워지고 있다는 것을 알게 된다. 그 수를 g라고 하자. 어떤 수 g, 이것이 피보나치수열을 그토록 유명하게 만든 비밀의 주인공이다. 어떤 수 g가 바로 황금비율을 나타내는 황금수[黃金數]이기 때문이다. 그리고 이러한 사실을 밝혀낸 것 역시 피보나치가 아니라 케플러이다.

황금수란 무엇인가?

그렇다면 황금수는 무엇이고 어떤 의미를 갖는 걸까? 다음의 〈그림 3〉을 보자. 직사각형 $ABCD$에서 정사각형 $ABFE$를 뺀 직사각형 $FCDE$는 원래의 직사각형 $ABCD$와 닮은꼴이다. 즉 다음과 같은 비례를 보인다.

• $AB : AD = ED : CD$

여기에서 $AB=x$, $AD=1$이라고 가정하면 다음과 같은 비례식이 성립한다.

$$x : 1 = 1-x : x$$

이 비례식을 계산해 보자.

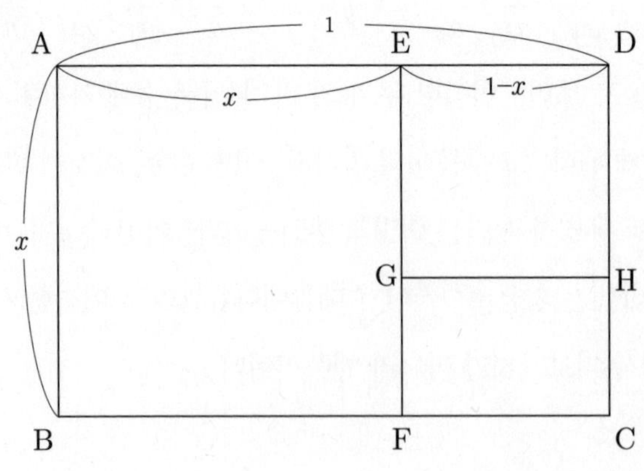

$x^2=1-x$

$x^2+x-1=0$

$x=\frac{-1\pm\sqrt{5}}{2}$

여기에서 x는 음수가 될 수 없으므로, x값은 다음과 같다.

$x=\frac{\sqrt{5}-1}{2}=0.61803398\cdots\cdots=g$(황금수)

이렇게 구해진 x의 값이 바로 황금수이고, 우리는 이것을 문자 g를 사용해 표현한다.

그리고 직사각형 $ABCD$나 $FCDE$와 같이 변의 비율이 '황금수 g : 1'인 직사각형을 '황금직사각형'이라고 한다. 직사각형 $FCDE$에 위와 똑같은 조작을 하여 얻을 수 있는 직사각형 $FCHG$ 역시 황금직사각형이 된다. 이런 방법으로 계속해서 황금직사각형을 얻을 수 있다. 이처럼 평면이나 선분을 나눈 비례가 g:1인 것을 '황금비율'이라고 하고, 황금비로 나누는 것을 '황금분할'이라고 한다.

g:1을 황금비율이라고 하는 까닭은 간단하다. 이것이 아주 오랫동안 많은 사람들이 좋아하는 비율이기 때문이다. 사람들이 황금비율을 선호한 것은 고대 그리스까지 거슬러 올라간다. 고대 그리스 사람들은 아름다움이 비례와 질서 그리고 조화에서 비롯된다고 생각했는데, 이 황금비율을 가장 안정감 있고 균형 있는 비율로 여겼다. 그래서 당시 그리스 사람들은 술잔과 같은 작은 생활용품에서부터 조각상과 같은 예

술품, 신전 같은 건물에 이르기까지 황금비율를 이용해 만들었다. 이런 전통을 이어받은 르네상스 시대에도 황금비율를 중요하게 여겼는데, 볼로냐의 루카 파치올리Luca Pacioli라는 수도승은 황금비율에 '신성비례'라는 이름을 붙일 정도였다고 한다.

현대에 이르러서도 황금분할은 우리 일상생활에서 널리 이용되고 있다. 예를 들면, 엽서나 담배갑 혹은 명함 등의 두 변이 황금비율에 가깝게 만들어진다. 또 물건을 선택할 때 대부분의 사람들은 무의식중에 황금비율로 만든 물건을 선택한다고 한다.

책의 크기도 마찬가지다. 서점에 가면 다양한 크기의 책들이 나와 있는데, 그 가운데 가장 많이 사용되는 것이 신국판이다. 신국판은 가로와 세로 크기가 152×224로, 황금비율에 가장 가까운 판형이다.

많은 사람들이 이처럼 황금비율을 선호하는 이유는 무엇일까? 자연 속에서 그 답을 찾을 수 있다. 조개껍질의 무늬, 꽃잎이나 꽃씨, 선인장, 솔방울 같은 자연물 속에서 이 황금비율을 찾을 수 있기 때문이다.

스승의 사랑과 위대한 제자, 케플러

우리는 지구를 비롯한 태양계의 행성들이 태양을 중심으로 돈다는 사실을 의심하는 사람이 있어도 개의치 않는다. 천체 망원경과 같은 첨단 장비를 동원해 찍은 사진 등 그 사실에 대한 근거를 얼마든지 찾을 수 있기 때문이다. 하지만 16세기 중반까지만 해도 많은 사람들이 모든 별이 지구를 중심으로 돈다[천동설]고 생각했다. 기원전 3세기경 그리스의 아리스타르코스가 처음으로 지동설을 내놓았지만 주목받지 못했고, 그 후 약 1400여 년 동안 사람들은 지구가 우주의 중심에 있다고 믿었다.

1400년이 넘는 세월 동안 천동설에 의문을 품는 사람은 없었을까? 아마도 많은 학자들이 의문을 품었을 것이다. 하지만 1000년 넘게 유럽을 지배한 크리스트교는 이를 용납하지 않았다. 의심 자체를 신에 대한 도전으로 받아들였고, 화형과 같은 잔인한 처벌로 대응했다. 1543년 코페르니쿠스[1473~1543년]가 지구를 비롯한 모든 행성들이 태양을 중심으로 운동한다[지동설]고 주장했다. 물론 교회로부터 심한 배척을 받았다.

피보나치수열과 황금수의 관계를 밝힌 독일 천문학자 케플러[Johannes

Kepler, 1571~1630년는 바로 그런 시기에 태어났다. 대학에서 신학을 공부하여 석사학위를 받았으나, 코페르니쿠스의 지동설을 접하면서 천문학을 공부했고, 대학에서 수학과 함께 천문학을 강의하기도 했다. 1595년 천체력天體曆을 발간하고, 이듬해 ≪우주구조의 신비≫를 출판해 행성의 수와 크기, 배열간격에 대한 생각을 밝혔다. 하지만 여기에는 지동설에 대한 의견이 포함되어 있지 않다. 아무튼 이를 계기로 티코 브라헤 Tycho Brahe, 1546~1601년와 갈릴레오 갈릴레이를 알게 되고, 그 후 프라하로 가 브라헤의 제자가 된다.

프라하에서 그는 루돌프 2세의 보호를 받으며 스승과 함께 화성의 운행을 관측했다. 그리고 임종을 맞은 스승 브라헤는 16년 동안 연구한 엄청난 양의 자료를 모두 케플러에게 물려준다. 스승의 신뢰를 저버리지 않고 케플러는 그 엄청난 양의 자료를 모두 분석하고 거기에 자신의 연구를 더해, 저 유명한 '케플러의 법칙'을 내놓기에 이른다. 제1법칙은 "모든 행성은 태양을 초점으로 하는 타원 궤도를 그리며 돈다", 제2법칙은 "태양과 행성을 연결하는 직선이 같은 시간 동안에 그리는 면적은 항상 일정하다", 제3법칙은 "행성의 공전 주기의 제곱은 태양과 행성의 평균 거리의 세제곱에 비례한다"이다.

태양계 행성들의 운동을 밝힌 케플러의 법칙은, 결국 제자를 믿고 자신이 연구한 모든 것을 건네준 스승과 그 스승의 기대를 저버리지 않은 제자의 합작품이라 하겠다.

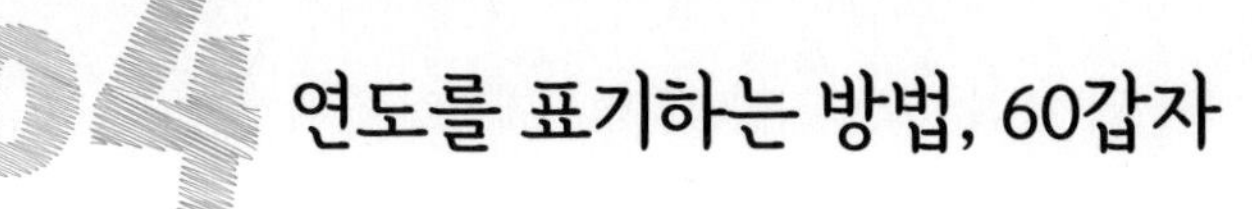

04 연도를 표기하는 방법, 60갑자

몇 년 전에 한 성형외과 의사가 갑옷을 입은 남자에게 이끌려 고려시대로 간다는 내용의 드라마가 있었다. 갑옷을 입은 남자는 자상을 입어 목숨이 위태로운 왕후를 살리기 위해 하늘나라라고 믿고 현대로 왔고, 의사는 영문도 모른 채 고려시대로 끌려와 수술을 하게 된다. 이제 돌아갈 일이 남았는데 어떻게 돌아가야 할까?

드라마에서 현대와 고려시대를 오가는 문은 '천혈'이라고 부르는 것으로 어느 순간 생겼다가 사라지는데, 그 의사는 현대 지식을 이용해 그 문이 언제 생기는지 계산하는 데 성공한다. 그런데 문제는 지금 우리가 사용하는 연도를 고려시대에는 사용하지 않는다는 것이다. 자신이 고려시대에 있다는 것은 알아냈지만 정확히 몇 년인지 몰랐다는 말이다.

이것은 물론 드라마의 내용이다. 우리가 드라마 속 의사처럼 시간여

행을 할 가능성이 얼마나 되는지는 모르지만, 고려시대까지 가지 않아도 비슷한 어려움을 겪기는 한다. 바로 역사를 공부할 때이다.

역사책에는 연도에 대한 표현이 다양하게 나온다. 우선 지금 우리가 사용하는 서기이다. 이것은 당시에는 사용되지 않았지만, 책을 읽는 우리의 편리를 위해 표기한 것이다. 두 번째는 당시 왕이 즉위한 지 얼마나 지났는지를 나타내는 것이다. 이것은 주로 서기 옆에 괄호 속에 넣어 표기한다. 예컨대, 세종대왕이 훈민정음을 반포한 해를 '1446년(세종 28년)'이라고 적는다. 물론 역사책 밖에서는 쓰지 않는다.

마지막은 60갑자를 이용하는 방법이다. 이것은 연도를 직접 나타내는 것보다는, 임진왜란, 정묘호란, 갑신정변처럼 어떤 일의 이름에 그 일이 일어난 연도를 포함시키는 형식으로 사용한다.

60갑자는 지금도 여전히 사용한다. 새해가 다가오면 그 해가 60갑자로 무슨 해인지, 예컨대 2016년은 병신년, 2017년은 정유년이라는 이라는 식으로 표현한다. 여기에는 2016년은 원숭이의 해, 2017년은 닭의 해라는 정보도 포함되어 있다.

그렇다면 60갑자는 언제부터 사용한 것일까? 기원전 1600년경에서 기원전 1046년경에 있었다는 중국 은나라의 것으로 추정되는 거북이 등껍질에 기록되어 있다고 한다. 실로 오래된 방법이다. 그럼 이제부터 60갑자가 무엇이고, 어떻게 연도를 나타내는지 알아보자.

60갑자 만들기

60갑자는 '간지干支'라고도 하는데, 여기에서 간幹은 나무줄기를 의미하고 지枝는 가지를 의미한다. 또 간은 10개, 지는 12개가 있어, 십간십이지十干十二支라고 하기도 한다.

- 10간: 갑甲, 을乙, 병丙, 정丁, 무戊, 기己, 경庚, 신辛, 임壬, 계癸
- 12지: 자子, 축丑, 인寅, 묘卯, 진辰, 사巳, 오午, 미未, 신申, 유酉, 술戌, 해亥

10간과 12지를 차례로 결합하면 모두 60개를 얻을 수 있는데, 60갑자라는 이름은 여기에서 비롯되었다. 결합하는 방법은 간단하다. 10간 중 하나와 12지 중 하나를 순서대로 가져오는 것이다. 10간의 첫째인 '갑'에 12지의 첫째인 '자'를 붙여 '갑자'를 만들고, 다음엔 각각 둘째인 '을'과 '축'을 결합해 '을축'을 만드는 식이다.

- 60갑자: 갑자, 을축, 병인, 정묘, 무진, 기사, 경오, 심미, 임신, 계유,
  갑술, 을해, 병자, 정축, 무인, 기묘 ······

이렇게 결합된 60갑자는 연도를 나타내는 데 쓰인다. 그러니까 해의 이름이 되는 것이다. 기미독립선언, 임진왜란, 병자호란 등에서 기미,

임진, 병자는 각각 그 사건이 일어난 연도를 의미한다.

다시 같은 이름의 연도가 돌아오는 것은 12의 배수이고 10의 배수이기도 한 수 가운데 가장 작은 수, 즉 12와 10의 최소공배수인 60년 후(61년째)가 된다. 결과적으로 하나의 간에 6개의 지가 배당되는 셈이다. 즉, 60갑자는 모두 60개이고 60개를 모두 지나면 다시 처음으로 되돌아온다. 그래서 61세를 60갑자의 맨 처음으로 되돌아왔다는 의미에서 환갑還甲이라고 한다.

그럼 60갑자를 보고 연도를 알아내는 방법에 대해 알아보자. 예컨대, 기미년이 언제인지 임진년이 언제인지 알아내는 것이다.

숫자 맞추기 게임

60갑자를 보고 연도를 계산하기에 앞서 간단한 게임을 한 번 해보자. 숫자 맞추기 게임인데, 다음 4가지 정보를 보고 그 수가 무엇인지 알아맞히는 것이다.

- 문제 1: 100 이하의 수, 3으로 나눈 나머지는 1,
  5로 나눈 나머지는 2, 7로 나눈 나머지는 5.

언뜻 보기에는 그다지 어려워 보이지 않는다. 하지만 막상 문제를 풀려고 하면 방법이 쉽게 떠오르지 않는다. 이 '숫자 맞추기'의 원리를 파악하기 위해 우리가 알아야 할 것이 있다. 바로 가우스의 합동기호이다. 구하는 수를 x라고 했을 때, 3으로 나눠 나머지가 1인 수를 합동기호(≡)를 사용해 합동식으로 나타내면 다음과 같다.

$x \equiv 1 (mod 3)$

여기에서 mod는 계수를 의미하는 modulus의 줄인 말로, 합동식에서는 '법'이라고 한다. 그리고 5로 나눠 나머지가 2인 수, 또 7로 나눠 나머지가 5인 수도 같은 방법으로 나타낼 수 있다. 그래서 셋 모두를 식으로 나타내면 (1), (2), (3)과 같다.

$x \equiv 1 (mod 3)$: (1)

$x \equiv 2 (mod 5)$: (2)

$x \equiv 5 (mod 7)$: (3)

이제 이 3개의 합동식을 충족하는 x를 찾아내면 된다. 가장 먼저 떠오르는 방법은 위의 식을 각각 충족하는 x를 모두 찾아 나열한 다음, 공통으로 나온 수를 찾아내는 것이다.

공배수를 구하는 방법이 떠오르지 않는가? 맞다. 이것은 공배수를 구하는 방법과 같다. 그리고 공배수를 쉽게 구하는 방법도 기억할 것이다. 최소공배수를 찾은 다음, 그것의 배수를 구하면 그 다음에 오는 공배수들은 쉽게 찾을 수 있다.

그렇다면 (1)의 식을 충족하는 x를 구해 보자. 3의 배수에 1을 더한 수이니까 다음과 같다.

- x=1, 4, 7, 10, 13, 16,······ : (1)의 x값

이걸 언제 다 하느냐고 걱정하는가? 조금은 위로가 될지 모르지만, (2)식과 (3)식은 5나 7씩 커지니까 (1)식보다는 x값이 적게 나올 것이다. 그러나 그렇다고 해도 이런 원시적인 방법 말고 다른 방법을 찾고 싶을 것이다. 그래서 말인데, 조금만 꾀를 내어 보자. 그러니까 비교적 적게 나오는 (2)와 (3)식의 x값 가운데 공통되는 수를 먼저 찾는 것이다. 그런 다음 그렇게 찾은 수 가운데 (1)의 조건에 맞는 수를 찾으면 되니까.

그럼 (2)와 (3)에서 x값을 구해 보자. 5의 배수에서 2를 더한 수와 7의 배수에 5를 더한 수이므로 x값은 각각 다음과 같다.

- x=2, 7, 12, 17, 22, 27, 32, 37, 42, 47, 52, ······ : (2)의 x값
- x=5, 12, 19, 26, 33, 40, 47, 54, ······ : (3)의 x값

여기에서 공통인 수는 12와 47이다. 그러므로 그 다음으로 공통인 수는 공배수를 구하는 것과 같다. 즉 35(=5×7)를 더하면 구하려는 수를 전부 얻을 수 있다. 그러니까 12, 47, 82,·········가 되는 것이다.

이제 (1)의 식에서 x의 값을 일일이 나열하지 않아도 된다. 지금 구한 수를 (1)에 대입해 성립하는지를 알아보면 되니까. 우선, 12는 3의 배수이므로 탈락이다. 다음 수 47는 3으로 나누면 나머지가 2이다. 그래

서 47 역시 탈락이다. 다음 수 82는 3으로 나눈 나머지가 1이다. 따라서 정답은 82가 된다.

좀 더 좋은 방법

하지만 아무래도 이런 방법은 너무 번거롭다. 좀 더 빠르고 쉬운 방법은 없을까? 물론 있다. 원리를 이해한다면 훨씬 쉬운 방법이 있다. 지금부터 그 방법을 알아보자.

앞의 (2)의 식을 충족하는 x의 일반식은 n이 정수일 때 다음과 같다.

• $x=2+5n$

이것을 (3)의 식 $x\equiv5(mod7)$에 대입하면 다음과 같다.

$2+5n\equiv5(mod7)$

$5n\equiv3(mod7)$

$3(mod7)$은 7로 나눈 나머지가 3이라는 뜻이므로, 이것을 만족하는 n을 찾기 위해 1부터 7까지 n에 대입해 보면, '$n=2$'가 된다. 다시 말해, 7로 나누어 나머지가 3인 수 가운데 가장 작은 수는 10이고, 이것이 $5n$이 되어야 하므로 $10=5n$, $n=2$가 되는 것이다.

이렇게 나온 수 2에서 7의 배수를 더해도 합동식은 성립하므로 일반적으로는 이렇게 쓸 수 있다.

• $n=2+7k$

물론 이때 k는 정수가 되어야 한다.

자, 이제 (2)의 식과 (3)의 식을 만족하는 x를 구해 보자. $n=2+7k$를 대입하면 식은 다음과 같아진다.

• $x=2+5n=2+5(2+7k)=12+35k$

이것을 다시 (1)의 식 '$x\equiv1(mod3)$'에 대입한다.

• $12+35k\equiv1(mod3)$

여기에서 $1(mod3)$은 3으로 나눠 나머지가 1인 수를 나타낸다는 것을 잊진 않았을 것이다. 그러므로 여기에서 12는 3으로 나누어 떨어지므로 지워도 괜찮다. 또 35는 3으로 나누면 2가 남기 때문에 2로 바꿔도 상관없다.

그러므로 이 식은 다시 이렇게 쓸 수 있다.

• $2k\equiv1(mod3)$

이제 이 식도 만족해야만 우리가 바라는 x의 값이 된다. 여기에서 큰 수는 제쳐두고, 작은 수부터 찾아보면 $k=2$라는 것을 쉽게 알 수 있고, 이 수보다 큰 수는 3의 배수가 더해진 값들일 터이니 k의 값은 다음과 같아진다.

• $\mathrm{k}=2+3l$

여기에서 l 역시 정수이다. 따라서 x를 구하는 식은 다시 이렇게 쓸 수 있다.

• $x=2+5\underset{2+7k}{\underline{n}}=12+35\underset{2+3l}{\underline{k}}=12+35(2+3l)=82+105l$

그런데 100 이하가 되어야 하므로 $l=0$이고, 답은 82가 나온다.

마법의 수

문제1의 더 간단한 풀이법은 '마법의 수'를 이용하는 것이다. 우리 이야기와 직접적인 관련은 없지만, 재미 삼아 알아보고 가자. 문제1에서는 70, 21, 15가 마법의 수이다.

우선 어떤 수를 3으로 나눈 나머지는 70과 곱하고, 5로 나눈 나머지는 21과 곱하고, 7로 나눈 나머지는 15와 곱해야 한다. 그런 다음에는 그렇게 곱해서 나온 세 수를 더한다. 그리고 마지막으로 이렇게 더해서 나온 수가 100을 넘으면 105를 빼서 100 이하로 만들면 된다. 여기에서 105는 3, 5, 7을 모두 곱한 수이다.$(3\times5\times7=105)$

자, 이제 문제1을 마법의 수를 이용해 다시 풀어 보자.

• $70\times1+21\times2+15\times5=187,\ 187-105=82$: **문제1의 풀이**

내친 김에 문제를 하나 더 풀어 보자.

• 문제 2 : 역시 100 이하의 수, 3으로 나눈 나머지는 2,
5로 나눈 나머지는 1, 7로 나눈 나머지는 1.

• $70\times2+21\times1+15\times1=176,\ 176-105=71$: 문제2의 풀이

'숫자 맞추기 게임'은 결국 정수 a, b, c에 대해 다음 (4)를 동시에 만족하는 정수 x를 구하는 일이다.

$x\equiv a(mod3)$, $x\equiv b(mod5)$, $x\equiv c(mod7)$: (4)

문제1에서는 $a=1,\ b=2,\ c=5$이고, 문제2에서는 $a=2,\ b=1,\ c=1$이 되는 것이다.

여기에서 마법의 수 70, 21, 15를 이용하면 (4)를 만족하는 x는 다음과 같이 구할 수 있다.

• $x=70a+21b+15c$

나중에 x에서 105를 차례차례 빼서 100 이하가 되면 좋지만, 그것은 x를 $mod105$로 생각한다는 것을 의미한다. 따라서 문제는 100 이하의 수에서 하나를 고르는 것이었지만, 사실은 105 이하라고 하는 것이 더 정확하다.

마법의 수는 어디서 왔지?

문제1과 2를 푸는 단서, '마법의 수'는 무엇일까? 사실 마법의 수가 어디서 왔는지를 상세하게 설명하는 것은 조금 어렵다. 하지만 간단하게나마 알아보고 가자.

마법의 수 만드는 방법

① 나누는 수를 a, b, c라고 할 때, 그 중 하나씩을 제외한 두 수를 곱한다.

② ①에서 얻은 값을 ①에서 제외한 수로 나누어 나머지를 구한다.

단, 나머지가 1인 경우, ①의 값이 그대로 마법의 수가 된다.

③ ②에서 구한 나머지에 어떤 수(=x)를 곱한 다음 '제외한 수'로 나누었을 때 나머지가 1이 되는 x를 찾는다.

④ ①의 값과 ③에서 찾은 x를 곱하면 '마법의 수'가 된다.

그럼 이제 실제로 마법의 수를 만들어 보자. 문제1과 2에서 나누는 수는 3, 5, 7인 것은 기억하고 있겠지?

• 3을 제외한 경우

① $5 \times 7 = 35$

② $35 \div 3$의 나머지는 2

③ $2x \equiv 1 \pmod{3}$이 되는 $x=2$

④ ①의 35에 ③의 2를 곱한 70이 마법의 수

• 5를 제외한 경우

① $3 \times 7 = 21$

② $21 \div 5$의 나머지는 1

②의 나머지가 1이므로 ①의 값 21이 마법의 수

• 7을 제외한 경우

① $3 \times 5 = 15$

② $15 \div 7$의 나머지는 1

②의 나머지가 1이므로 ①의 값 15가 마법의 수

'숫자 맞추기 게임'에서 나누는 수를 3, 5, 7 대신에 7, 11, 13을 이용할 수 있는데, 이런 경우는 1000 이하의 숫자 맞추기를 하는 것이 더 좋다. $7 \times 11 \times 13 = 1001$이 되기 때문이다.

이 경우 마법의 수는 '715, 364, 924'이다. 예를 들어 7, 11, 13으로 나눈 나머지가 각각 3, 5, 8인 숫자를 생각했다고 하자.

$715 \times 3 + 364 \times 5 + 924 \times 8 = 11357$

$11357 - 1001 \times 11 = 346$

이때 생각한 숫자는 346이 된다.

이 같은 숫자 이외에도 숫자 맞추기 게임은 가능하다. 예를 들면 나누는 수로 11, 13, 19를 이용할 경우에는 $11 \times 13 \times 19 = 2717$이 되므로, 2717 이하의 숫자 맞추기 게임이 된다. 물론 이보다 더 큰 수도 조작이 가능하다.

60갑자로 연도를 알아내는 방법

자, 이제 우리가 원래 하려고 했던 이야기, 60갑자로 돌아가 보자. 2016년은 병신년이다. 이 해를 기준으로 60갑자로 알려진 역사상의 유명한 사건이 일어난 연도가 서기 몇 년인지 구해 보자.

그러기 위해서 우선 10간에는 '병'부터 0~9의 수를, 12지에는 '신'부터 시작해 0~11의 수를, 다음의 〈표 1〉에서 보는 것처럼 거꾸로 붙여 나간다. 단, 이것은 2016년 병신년을 기준으로 번호를 붙인 것이다. 여기에서 10간에 0부터 9, 8, 7,……로 붙여 나간 이유는 간단하다. 10간은 10개인데 10대신 0을 쓴 것은 나누었을 때의 나머지로 계산하기 위함이고, 병에 0을 붙인 까닭은 10은 곧 10으로 나눈 나머지가 0과 같아서이다. 12지 역시 마찬가지다.

표 1

…	병	정	무	기	경	신	임	계	갑	을	병	정	무	기	경	…
	0	9	8	7	6	5	4	3	2	1	0	9	8	7	6	
…	신	유	술	해	자	축	인	묘	진	사	오	미	신	유	술	…
	0	11	10	9	8	7	6	5	4	3	2	1	0	11	10	

이렇게 번호를 붙여 보면, 예를 들어 2016년은 병신년으로 (0, 0)이 되고, 2017년은 정유년으로 (9, 11), 2018년은 무술년으로 (8, 10)

이 된다. 이렇게 간을 나타내는 수는 10년마다, 지를 나타내는 수는 12년마다 되돌아오므로, 간을 나타내는 수는 $mod10$, 지를 나타내는 수는 $mod12$로 바꿔 생각할 수 있다.

그렇다면 기미독립선언서가 발표되고 3·1만세운동이 일어났으며 대한민국 임시정부가 수립된 기미년은 몇 년 전이었을까? 그것을 x년 전이라고 하면 기미는 $(7, 1)$이기 때문에 다음 식이 성립된다.

- $x \equiv 7(mod10),\ x \equiv 1(mod12)$

이 2개의 합동식을 만족하는 가장 작은 양의 정수 x는 37이다. 이것은 단순한 곱셈과 덧셈만으로도 계산할 수 있다. 첫 번째 식은 $x-7$이 10의 배수, 두 번째 식은 $x-1$이 12의 배수라는 의미이니까.

실제로 이것이 옳은지는 〈표 1〉을 거슬러 짚어가면서 써 보면 쉽게 확인할 수 있다. 37번째까지 나열하는 것은 일도 아니다. 하지만 우리가 그런 원시적인 방법을 쓸 수는 없지? 2016년을 기준으로 몇 년 전인가를 구하기 위해서 2016년을 기준으로 과거로 가면서 나머지가 0, 1, 2, 3, ……으로 표기하되, 1이면 1년 전, 2이면 2년 전으로 계산하기 위해서 0, 9, 8, 7, ……로 거꾸로 숫자를 붙여 나갔다. 이런 식으로 생각해 보면 몇 년 전인지 쉽게 구할 수 있다.

따라서 최근의 기미己未년은 37년 전인, 2016−37=1979년이다. 그런데 기미독립선언은 일제 강점기에 있었으므로 최소한 1945년 이전이 되어야 한다. 그렇다면 60갑자의 한 사이클인 60년을 더 거슬러 올라가 보자. 그러면 그때에도 기미년일 테니까.

$1979-60=1919$

따라서 기미독립선언문에서 기미년은 1919년임을 알 수 있다.

앞에서 소개한 '숫자 맞추기 게임'은 3개의 합동식이 필요했지만, 이번에는 합동식이 2개뿐이므로 훨씬 쉬웠을 것이다. 사실 '숫자 맞추기'에 사용된 합동식의 법(mod) 3, 5, 7은 2개씩 서로소가 되는 숫자였지만, 이번의 법(mod)인 10, 12는 서로소가 되는 것은 아니다.

임진왜란이 일어난 해는?

조선시대에 왜국일본의 침략을 받고 전쟁의 소용돌이에 휩싸인 전쟁, 이순신이라는 영웅을 낳은 전쟁, 바로 임진왜란이다. 그렇다면 임진왜란이 일어난 임진년은 서기 몇 년일까?

그것을 x년 전이라고 하자. 〈표 1〉에 의하면 임진년은 $(4, 4)$이므로 다음 식이 성립한다.

$x \equiv 4(mod 10)$: (5)

$x \equiv 4(mod 12)$: (6)

여기에서 (5)와 (6)을 만족하는 x를 구해 보자. 물론 다음과 같이 (5)와 (6)의 식을 만족하는 x를 모두 나열하여 구할 수도 있다.

- x=4, 14, 24, 34, 44, 54, 64, …… : (5)의 x값
- x=4, 16, 28, 40, 52, 64, …… : (6)의 x값

그러나 두 수는 나누는 수는 다르지만 나머지는 같기 때문에 굳이 이렇게 나열하지 않고도 알 수 있는 방법이 있다. 우선 (5)와 (6)의 식을 다음과 같이 나타내자.

- $x=10n+4$: (5)
- $x=12k+4$: (6)

여기에서 n과 k는 정수이고, 둘 다 0일 경우 공통된 $x=4$이고, 그 후로는 60씩 커지므로 64, 124, 184, 244……가 된다. 결국 임진년은 4년 전, 64년 전, 124년 전……이고, 이것을 서기로 나타내면 2012년, 1952년, 1892년, 1832년……이다.

임진왜란은 조선시대에 있었던 일이고, 500년이 넘는 조선의 역사에서 임진년은 적어도 8번은 있었다. 그 가운데 어느 것인지 알려면 몇 가지 사실들을 알아야 한다. 예컨대, 임진왜란은 16세기 후반에 일어났고, 지금은 21세기라는 것이다.

그렇다면 임진왜란은 1500년대에, 그러니까 대략 500년 전쯤에 있었던 일이고, 500에 가까운 60의 배수는 540, 480, 420이다. 그럼 최근의 임진년인 2012년에서 540년 전인 1472년, 480년 전인 1532년, 그리고 420년 전인 1592년이 후보에 오른다. 이 가운데 16세기 후반이라는 조건에 맞는 1592년이 임진왜란이 일어난 해임을 알 수 있다.

연도를 60갑자로 나타내기

60갑자에서 연도를 구하는 것은 이제 그다지 어렵지 않을 것이다. 그럼 이번에는 반대로 서기 연도를 보고 그 해의 60갑자를 구하는 방법을 알아보자. 예컨대, 내가 혹은 내가 아는 누군가가 태어난 해가 60갑자 가운데 무슨 해인지 구해 보는 것이다.

여기에서는 예를 들어, 김구 선생님이 태어난 해가 무슨 해인지 구해 보자. 선생님은 1876년에 태어나셨다. 그러니까 2016년으로부터 140(=2016−1876)년 전에 태어나신 것이다.

자, 그럼 이제 우리는 140이 12로 나누었을 때 나머지가 얼마인지, 10으로 나누었을 때 나머지가 얼마인지를 구하면 된다. 140은 12로 나눌 때 나머지가 8이고, 10으로 나눌 때에는 0이다. 따라서 이렇게 나타낼 수 있다.

- $140 \equiv 0(mod10)$, $140 \equiv 8(mod12)$

〈표 1〉에서 보면 0은 병, 8은 자이므로 1876년은 병자년이다. 여기에서 알 수 있는 것은 김구 선생님은 '쥐띠'라는 것이다. 자는 쥐를 의미하니까. 12지가 각각 어떤 동물을 의미하는지는 다음과 같다.

자	축	인	묘	진	사	오	미	신	유	술	해
쥐	소	호랑이	토끼	용	뱀	말	양	원숭이	닭	개	돼지

지금까지 자기가 태어난 해가 60갑자 가운데 무슨 해인지 모르고 있었다면 이번 기회에 한번 알아보는 게 어떨까? 또 내친 김에 부모, 형제, 자매, 친구들이 태어난 해도 무슨 해인지, 그들은 무슨 띠인지 알아보자.

19세기 최고의 수학자

가우스

19세기 최고의 수학자로 꼽히는 가우스Karl Friedrich Gauss, 1777~1855년는 벽돌을 구워 파는 가난한 가정에서 태어났다. 어릴 때부터 수학 천재로 명성이 자자했던 그에게는 재미난 이야기가 많이 전해진다.

세 살짜리 가우스는 아버지의 장부책을 뒤적거리며 놀기를 좋아했다. 그러던 어느 날 가우스가 말했다.

"아빠, 계산이 잘못되었어요."

아버지는 빙그레 웃으며 장부를 들여다보았다. 그러고는 깜짝 놀라고 말았다. 정말로 계산이 잘못되어 있었던 것이다. 그래서인지 나중에 가우스는 자기는 말보다 계산을 먼저 배웠다고 농담하곤 했다. 또 그는 주위 사람들에게 물어 알파벳의 발음을 익힌 다음부터는 혼자 글을 읽는 법을 터득했으며, 그 후로는 닥치는 대로 책을 가져다가 공부했다.

초등학교에 다닐 때에는 이런 이야기가 전해진다. 선생님이 1부터 100까지 더하면 얼마가 될까 묻자, 가우스가 곧바로 답을 구해 대답했다. 다른 학생들이 1+2+3+……100을 계산하는 동안 가우스는 1+100,

2+99, 3+98, ……, 50+51로 계산하여 101×50=5050이라고 답했던 것이다. 수학의 신동이라고 생각한 선생님은 가우스를 위해 자기 돈으로 살 수 있는 가장 좋은 수학 교재를 사다 주었다고 한다.

그 후 가우스는 뛰어난 성적을 인정받아 중학교 2학년으로 월반해서 입학했고, 이 어린 학생의 우수한 재능이 그곳 영주의 귀에까지 들어가 이때부터 교육에 필요한 모든 것을 영주에게 후원받았다.

청년시절 가우스는 수학 생각에 사로잡히면 언제 어디서든 침묵해 버리기 일쑤였다. 친구들과 이야기를 나누다가도 대화를 멈추고 생각에 빠져들었다. 그는 문제를 해결할 때까지 의식적으로 모든 정신력을 거기에 집중했으며, 일단 손에 잡은 문제는 해결할 때까지 결코 놓지 않았다고 한다. 문제가 여러 개일 때는 순서를 매겨 하나씩 해결해 나갔다.

역시 유명한 수학자이자 과학자였던 오일러가 죽은 뒤 적당한 후계자를 찾지 못한 상트페테르부르크 학사원은, 1807년에 천문대장 겸 수학 교수직에 가우스를 임명했다. 그는 재능 있는 학생들은 스스로 문제를 해결할 수 있으며, 약간의 암시만 필요할 뿐이라고 생각했다. 그런 가우스의 수업은 일반 학생들이 따라가기 힘든 것이었고, 그 결과 수강학생이 5~10명 정도에 불과했다고 한다.

하지만 19세기의 가장 위대한 수학자로 인정받는 가우스는 아르키메데스, 뉴턴과 함께 3대 수학자로 손꼽힌다. 그에게서 수학을 배운 여러 제자 가운데에는 야코비[Jacobi, 1804~1851년]가 있다.

신화 속 영웅과 거북의 경주, 역설

기원전 480년경 그리스 철학자 제논은 다음과 같은 네 개의 역설을 남겼다.

① **이분 역설:** "움직이는 물체는 결코 목적지에 도착할 수 없다."

② **아킬레우스와 거북 역설:** "달리는 아킬레우스는 거북을 따라잡을 수 없다."

③ **화살 역설:** "날아가는 화살은 날지 않는다."

④ **경기장 역설:** "같은 시간에 같은 속도로 움직여도 그 양은 다르다."

하나같이 운동과 변화라는 자명한 사실을 부정하는 것인데, 이것이 그토록 유명한 까닭은 제논이 펼친 추론 때문이다. 이번에 우리가 할 이야기는 이 4가지 역설 가운데 하나인 '② 아킬레우스와 거북'의 역설이다. 이 이야기를 하기 위해서는 약간의 사전 준비가 필요한데, 그 가운데 하나로 재미있는 옛날 이야기부터 시작해 보자.

청년이 받을 품삯

옛날 어느 마을에 욕심 많고 심술궂은 부자가 있었다. 그는 봄철에 먹을 곡식이 떨어진 가난한 사람들에게 쌀을 빌려 주고, 가을 추수가 끝나면 엄청난 이자를 붙여 되돌려 받았다. 그 마을에는 그렇게 봄이면 쌀을 빌리는 사람들이 많았는데, 그 이유는 한 번 쌀을 빌린 사람은 이자까지 갚느라고 가을 추수가 끝나도 남는 쌀이 거의 없었기 때문이었다. 그래서 또다시 그 부자에게 쌀을 빌려야 했고, 가난은 끝없이 되풀이되었다.

그러던 어느 날 마을에 사는 어느 청년이 부자를 찾아가 그 집의 일꾼이 되고 싶다고 말했다. 부자가 일꾼에게 줄 품삯이 아까워 청년의 청을 거절하자, 청년은 부자에게 이렇게 말했다.

"저는 품삯을 쌀알로 받습니다. 첫날은 쌀알 하나만 주시면 되고, 둘째 날은 그 두 배인 2알을 주시면 됩니다. 그리고 셋째 날은 그 두 배인 4알, 그리고 그 다음날은 8알……, 이렇게 매일 그 전날 삯의 두 배만 주시면 됩니다. 그러니 딱 한 달만 제가 일을 하게 해주십시오."

그러자 부자는 이게 웬 횡재냐며 청년을 일꾼으로 쓰기로 했다. 속으로는 '바보 같은 녀석'이라고 생각하면서, 청년이 말한 만큼만 품삯을 주고 한 달간 일꾼으로 쓰겠다는 계약서까지 쓰게 했다. 자, 이 이야기의 끝은 어떻게 되었을까?

청년이 받을 쌀알의 수를 나열하면 다음과 같은 수열이 만들어진다.

1, 2, 4, 8, 16, 32, 64, 128, 256…… : (1)

그리고 10일째는 512알, 11일째는 1,024알이 된다. 이 정도까지는 대단한 것이 아니다. 그런데 20일째는 52만 4,288알, 21일째는 104만 8,576알이 된다. 보통 쌀 40kg짜리 한 가마니에는 400만 알이 들어간다고 한다. 그럼 23일째는 쌀 한 가마니를 넘게 되지만 이것을 한 가마니라고 계산해도, 24일째는 두 가마니가 된다. 그리고 한 달이 되는 30일째에는 하루 품삯만으로도 128가마니가 된다.

어느 순간 부자도 이렇게 많은 품삯을 주게 될 것임을 알아차렸을 것이다. 그러고는 땅을 치며 후회하면서, 청년에게 일을 그만하라고 말할 것이다. 자, 그럼 이때 청년은 어떻게 했을까? 계약서까지 썼으니 약속대로 한 달을 채웠을까? 또 부자는 그 후로도 비싼 이자를 받고 쌀을 빌려 주는 일을 계속할 수 있었을까?

수열의 합

이야기는 이쯤에서 끝내고, 청년이 품삯으로 받은 쌀알의 수를 나열한 수열, (1)의 성질에 대해 알아보자. (1)을 다음과 같이 표현하면 그 규칙을 쉽게 알 수 있다.

$1=1$

$1\cdot 2=2$

$2\cdot 2=2^2$

$2^2\cdot 2=2^3$

$2^3\cdot 2=2^4$

$2^4\cdot 2=2^5$

$\vdots$

다시 말해 이 수열은 첫항 $a_1=1$부터 시작해 계속해서 2를 곱해서 얻는 수이고, 제n항 a_n은 다음과 같이 나타낼 수 있다.

$a_n=2^{n-1}$

그러면 앞에서 말한 예에서 30일째의 쌀알의 수는 2^{29}을 계산한 것과 같다. 그렇다면 과연 30일 동안 청년이 받는 전체 품삯은 얼마나 될까? 전체 품삯의 합은 다음과 같은 식으로 나타낼 수 있다.

$a_1+a_2+a_3+\cdots\cdots+a_{30}$

$=1+2+2^2+2^3+\cdots\cdots+2^{29}$

이처럼 일정한 수의 곱으로 그 크기가 커지거나 작아지는 수열을 '등비수열'이라 부르고, 이때 곱하는 일정한 수를 '공비公比'라고 한다. 그러니까 청년이 받은 품삯을 나타내는 수열은 첫항이 1이고 공비가 2인 수열인 것이다.

그럼 등비수열을 일반식으로 나타내려면 어떻게 하면 좋을까? 일단 각 항을 나열해 보자. 제1항(첫항)이 a이고 공비가 r인 등비수열을 순서대로 나열하면 다음과 같다.

$a_1=a$

$a_2=ar$

$a_3=ar^2$

$a_4=ar^3$

$\vdots$

$a_n=ar^{n-1}$

그리고 일반적인 경우 등비수열의 각 항을 모두 더하면 (2)와 같고, (2)의 양변에 r을 곱하면 (3)을 얻을 수 있다.

$$S_n=a_1+a_2+a_3+\cdots\cdots+a_n$$

$$=a+ar+ar^2+\cdots\cdots+ar^{n-1} \quad : (2)$$

$$rS_n=ar+ar^2+ar^3+\cdots\cdots+ar^{n-1}+ar^n \quad : (3)$$

두 개의 식을 얻었으니, 이제 이 두 식을 이용해 보자. (2)에서 (3)을 빼면 ar, ar^2, ……, ar^{n-1}이 없어지고 다음 식이 된다.

$$S_n = a + ar + ar^2 + \cdots\cdots + ar^{n-1}$$

$$\underline{) \, rS_n = ar + ar^2 + ar^3 + \cdots\cdots + ar^{n-1} + ar^n}$$

$$= a - ar^n$$

$$\therefore (1-r)S_n = a(1-r^n)$$

따라서 $r \neq 1$의 경우, 양변을 $(1-r)$로 나눠서 S_n 값을 얻을 수 있다.

$$S_n = a\frac{1-r^n}{1-r}, \ (r \neq 1) \quad : (4)$$

그럼 이제 청년이 한 달 동안 받을 쌀알의 총수를 구해 보자.

$$\cdot \, S_n = 1\frac{1-2^{30}}{1-2} = 2^{30} - 1 = 1073741823$$

즉 10억 7,374만 1,823알로 약 269가마니나 되는 양이다. 이런 경우 n의 값이 크면 클수록 S_n은 한없이 증가한다. 이것은 공비 r이 1보다 크기 때문이다.

한없이 가까워지는 극한

그렇다면 공비 r이 1보다 작은 경우는 어떨까? 예를 들면 $a_1 = 1$, $r = \frac{1}{2}$인 경우를 생각해 보자. 다시 말해, 제1항이 1이고 공비가 $\frac{1}{2}$인 등비수열을 생각해 보는 것이다. 이 경우 (4)의 식은 다음과 같아진다.

• $S_n = \frac{1-(\frac{1}{2})^n}{1-\frac{1}{2}} = 2\{1-(\frac{1}{2})^n\}$

따라서 n이 아무리 커져도 S_n은 2보다 작다. 즉, $S_n < 2$가 성립되는 것이다. 이 경우, 앞서 우리가 알아본 청년이 받을 쌀알의 수열과는 전혀 다른 수열이 된다.

정리하면, $S_n = a_1 + a_2 + a_3 + \cdots\cdots + a_n$에서 n이 한없이 커진다는 것은 다음과 같이 나타낼 수 있다.

• $a_1 + a_2 + a_3 + \cdots\cdots + a_n + a_{n+1} + a_{n+2} + \cdots\cdots$

그리고 등비가 1보다 작은 경우 아무리 많은 항을 더해도, 무한 개를 더해도, 그 값은 더 이상 무한하게 커지지 않는다. $(\frac{1}{2})^n$의 값은 〈표 1〉에서처럼 n이 증가하면 할수록 작아지고, 결국에는 0에 가까워지기 때

표 1

n	$(\frac{1}{2})^n$
1	0.5
⋮	⋮
10	0.0009765
⋮	⋮
100	0.0…0814417…
⋮	⋮
500	0.0…04287…

* 표에서 0…0은 0이 13개인 것을 의미한다.

문에 0으로 간주한다.

그리고 이것은 $1-(\frac{1}{2})^n$을 1로 간주한다는 의미이며, 나아가 'S_n을 2로 간주한다'는 것을 의미한다. 다시 말해, S_n의 값은 n의 값이 증가함에 따라 커지지만 2를 넘는 일은 없고, 결국 S_n의 값은 2로 간주할 수 있다'는 말이다.

따라서 이 경우, 'n이 한없이 커질 때 S_n의 극한은 2이다'라고 말하고, 다음과 같은 식으로 나타낸다.

$$1+\frac{1}{2}+(\frac{1}{2})^2+\cdots\cdots+(\frac{1}{2})^n+\cdots\cdots=2$$

곰곰이 따져보자, 역설

등비수열과 극한의 개념을 이해했다면, '아킬레우스와 거북 역설'을 이야기할 준비는 다 된 셈이다. 그렇다면 가장 먼저 역설의 뜻이 무엇인지 알아보는 데에서 시작하자. 물론 잘 알고 있는 사람도 있겠지만, 되새겨보는 것도 앞으로 우리가 할 이야기에 도움이 되리라 생각한다.

역설逆說은 그리스어에서 온 패러독스paradox를 번역한 말이다. 패러독스는 '맞서다'는 뜻의 para와, '의견'이라는 뜻의 doxa의 합성어다. 그러니까 어떤 주장이나 의견에 반대되는 이론이나 말을 뜻하는 것이다. 하지만 논리학에서는 이와는 조금 다른 뜻으로 쓰인다. 구조상으로 보나

상식에 비추어보면 모순되지만, 그 속에는 진리가 포함되어 있는 표현이다. 예를 들면, '지는 것이 이기는 것'이나 '바쁠수록 돌아가라'와 같은 말들이다.

내용이 얼른 이해되지 않는다면, 역설과 반대되는 단어, 궤변詭辯의 뜻을 알면 이해에 도움이 될 것이다. 궤변은 얼른 보기에는 옳은 것 같은데 실은 거짓인 것을 가리킨다. 이치에 닿지 않는 말을 억지로 합리화시키려고 늘여 놓는 것이다.

그렇다면 생각해 보자. 역설과 궤변은 어떻게 쓰일까? 궤변은 상대방을 속여 참을 거짓으로, 거짓을 참으로 잘못 생각하게 하거나, 또는 거짓인 줄 알면서도 쉽게 반론할 수 없도록 만든다. 그러니까 궤변은 처음부터 어떤 진실을 밝히기 위해서가 아니라 다른 목적을 위해서 사용한다. 이에 반해 역설은 상식에 맞지 않고 말의 구조도 맞지 않지만, 진실을 전하는 데 쓴다. 따라서 보통 명확한 역설은 분명한 진리에 모순되는 형태로 제시된다.

그렇다면 무엇이 역설인지, 무엇이 궤변인지 어떻게 알까? 곰곰이 따져 봐야 한다. 역설이나 궤변 같은 개념은 어떤 것에 대한 우리의 생각이나 지식을 반성해 볼 기회를 준다.

곰곰이 따져보는 연습

자, 이제 역설을 깨는 연습을 해보자. 당연히 수학적인 방법, 명제가 참인지 거짓인지 구분하는 '증명'으로 해보는 것이다.

2=1의 증명

우선 2=1이라는 식을 증명해 보자. 〈그림 1−1〉은 변의 길이가 1인 정삼각형 ABC의 변AB, AC를 각 중점 P, Q에서 꺾은 그림이다. 이 꺾인선의 길이의 합은 $BP+PR+RQ+QC=2$이다. 그리고 〈그림 1−2〉는 〈그림 1−1〉의 각 변을 다시 한 번 중점에서 꺾은 것이다. 그 길이의 합 역시 2이다. 이 같은 조작을 계속하면 꺾인 선은 길이가 2인 채 점점 변BC에 가까워진다. 그리고 선분 BC의 길이는 1이므로, 이로써 2=1이 '증명'된다.

그림 1

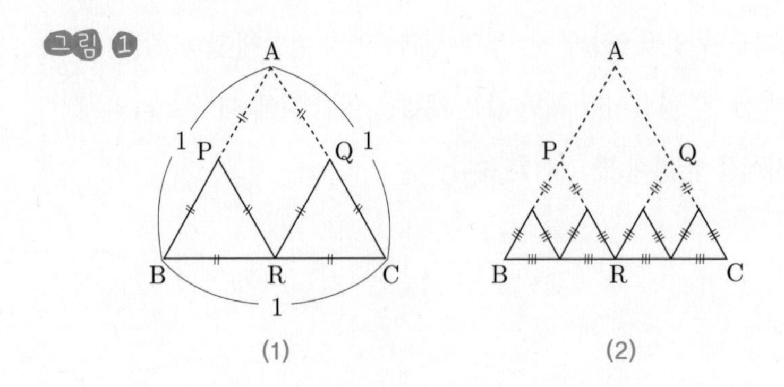

궤변 깨기

하지만 이것은 일종의 궤변이다. 이 경우 궤변을 깨는 것은 간단하다. 도형에서 꺾인 선이 변BC에 점점 가까워지는 것은 사실이지만, 이것은 길이가 가까워지는 것을 의미하지는 않는다.

$\frac{1}{2}=0=1=-1$의 증명

또 다른 예를 보자. $\frac{1}{2}=0=1=-1$을 증명하기 위해 a를 (5)와 같은 식으로 두자. 이렇게 두는 까닭은 괄호 속에서 계속되는 ±1의 수에 따라 a의 값이 변하기 때문이다.

$$\left.\begin{aligned} a&=1-1+1-1+\cdots\cdots \\ &=1-(1-1+1-1+\cdots\cdots) \end{aligned}\right\} : (5)$$

그리고 이제 $a=\frac{1}{2}$ 또는 $a=0$ 또는 $a=1$ 또는 $a=-1$인 것을 증명해 보자. (5)에서 우변의 괄호 안은 a와 마찬가지이다. 따라서 다음과 같이 나타낼 수 있다.

$$a=1-a,\ 2a=1,\ a=\frac{1}{2}$$

또 a를 다음과 같이 생각하면 $a=0$이 된다.

$$\begin{aligned} a&=(1-1)+(1-1)+(1-1)+\cdots\cdots \\ &=0+0+0+\cdots\cdots=0 \end{aligned}$$

이번에는 위의 식에서 괄호의 위치를 바꿔서 다음과 같이 써 보자. 그러면 $a=1$이 된다.

$a=1-(1-1)-(1-1)-(1-1)-\cdots\cdots$: $-(1-1)=-1+1$이므로

$=1-0\ 0\ \cdots\cdots=1$

마지막으로 a의 우변 제1항과 제2항, 제3항과 제4항, ……과 같이 이웃한 항을 교환하면, $a=-1$이 된다.

$a=-1+1-1+1-1+\cdots\cdots$

$=-1+(1-1)+(1-1)+\cdots\cdots$

$=-1+0+0+\cdots\cdots$

$=-1$

따라서 $\frac{1}{2}=0=1=-1$이 '증명'되었다.

궤변 깨기

하지만 뭔가 석연치 않다. 그럼 이제부터 그 석연치 않은 부분을 찾아보자. 이들 궤변을 깨는 것이다.

먼저 생각해볼 것은 '무한 개를 더한 값이 (5)의 a처럼 '정해질 수 있는가?'이다. 예를 들면, 쌀알 이야기에서 설명한 등비수열의 경우 S_n은 한없이 커지기 때문에, 유한하고 확정된 값으로 놓을 수 없다. 그래서 우리는 그 값을 정해진 수를 대신하는 문자 s가 아니라, n에 따라 값이 달라지는 S_n으로 두었다. 즉, (5)와 같은 식 자체에 문제가 있다는 것이다.

또 (5)의 식은 1에 -1을 더하고, 거기에 다시 1을 더하고, 다시 -1

을 더해간다는 의미이다. 그래서 $a=\frac{1}{2}$의 증명에서는 제2항 이하를 먼저 더했고, $a=0$의 증명에서는 제1항과 제2항, 제3항과 제4항, 제5항과 제6항……을 묶어서 먼저 더해간다. 즉, 더하는 순서를 바꾸는 것이다. $a=1$, $a=-1$의 증명에서도 마찬가지다.

우리는 계산을 좀 더 쉽게 하기 위해 이렇게 더하는 순서를 바꾸는 방법을 흔히 사용한다. 하지만 여기에서는 주의해야 하는 것이 있다. 바로 '무한 개 수의 합'이라는 것이다.

100개든 100만 개든 유한 개의 수를 더할 때는,. 계산하기 쉽게, 또 목적한 바를 위해 덧셈 순서를 바꿀 수 있다. 그러나 더하는 수가 무한 개일 경우는 얘기가 달라진다. 가령 (5)처럼 계산할 경우 잠깐만 주의를 게을리 해도 합의 순서를 바꾸기 쉽고, 그렇게 되면 전혀 다른 결과가 나올 수 있다. 여기에서 우리가 얻은 교훈은 '구체적으로 정의하지 않으면 안 된다'는 것이다.

아킬레우스와 거북

드디어 본론으로 들어갈 차례이다. 지금까지 한 얘기를 기억하면서 '아킬레우스와 거북 역설'에 대해 생각해 보자. 이 역설의 내용은 다음과 같다.

거북이 앞을 향해 나아가고, 아킬레우스가 그 뒤를 쫓는다. 아킬레우스가 지금 거북이 있는 지점에 이르면 거북은 그보다 앞에 가 있다. 다시 아킬레우스가 거북이 있는 지점까지 뒤쫓아가도 거북은 또 조금 더 앞에 가 있다. 따라서 아킬레우스는 계속 뒤쫓아가도 거북을 따라잡을 수 없다.

이것이 제논의 역설 가운데 하나인 '아킬레우스와 거북'의 역설이다. 아킬레우스는 그리스 신화에 나오는 영웅이다. 호메로스가 쓴 장편서사시 ≪일리아드≫에 등장하는데, 거기에는 트로이 전쟁에서 활약한 인물로 그려져 있다. 아킬레우스는 불사신이었으나 약점이 딱 하나 있었는데, 바로 발꿈치의 힘줄이었다. 그는 결국 거기에 화살을 맞아 전사했다. 이 이야기가 배경이 되어 우리는 발꿈치 부분의 힘줄이나 치명적인 약점을 '아킬레스건'아킬레스는 아킬레우스의 영어식 표현이라고 부른다.

아무튼 제논의 이 역설은 틀림없이 이상하다. 실제로는 거북을 따라잡을 수 있는 게 분명한데, 제논의 논리를 따라가면 따라잡을 수 없을 것처럼 생각된다. 아리스토텔레스는 ≪자연학≫自然學에서 제논의 역설을 두고 "해결하려는 사람을 고통스럽게 만드는 난제難題, aporia"라고 말했다. 실제로 제논의 역설은 상당히 벅찬 상대인 것만은 분명하다. 그렇다고 정치인들이 상황이 불리할 때 흔히 하는 것처럼 "현실은 그렇지 않다"는 말만으로는 상대할 수 없다. 논리에는 논리로 대응해야 한다. 이제 제논의 역설을 깨어 보자.

아킬레우스와 거북의 역설 깨기

아킬레우스가 앞서가는 거북이 있던 위치에 이르면 그 사이에 거북은 조금이라도 앞으로 나간다는 것은 확실하다. 아무런 잘못도 없어 보인다. 하지만 정말 "계속해서 뒤쫓아가도" 따라잡지 못하는 것일까? 바로 여기에 속임수가 숨어 있다.

이제 이 역설을 깨어 보자. 이야기를 쉽게 하기 위해 아킬레우스의 속도는 거북의 속도에 비해 2배 빠르고, 〈그림 2〉에서 보는 것처럼 아킬레우스는 A_1에 있고 거북은 거기에서 1km 앞인 A_2에 있다고 하자. 그

그림 2

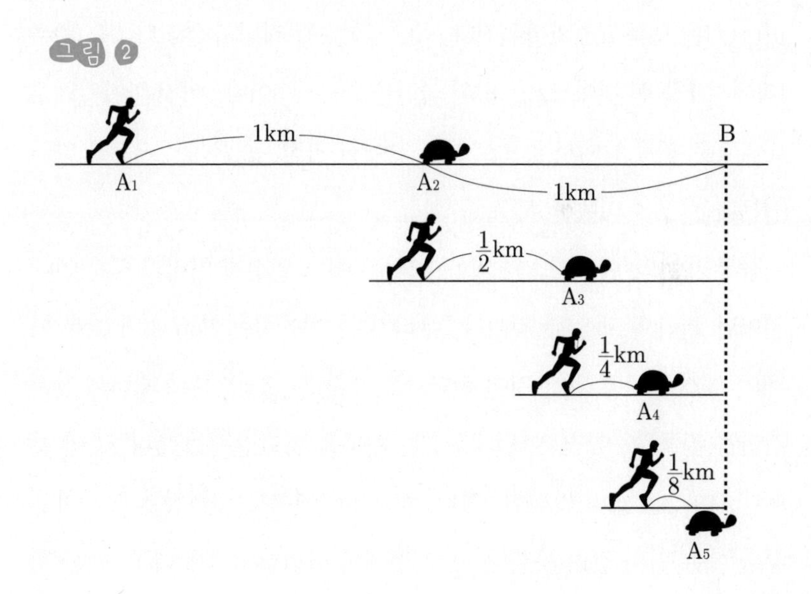

리고 아킬레우스는 1분에 1km를 간다. 그럼 아킬레우스가 1분 후 A_2에 이르면, 거북은 A_2에서 $\frac{1}{2}$ km 떨어진 A_3에 이른다. 또 아킬레우스가 $\frac{1}{2}$ 분 후 A_3에 이르면 거북은 A_3에서 $\frac{1}{4}$ km 떨어진 A_4에 도착한다.

이런 식으로 계속하면 (6)의 시간에 따라 아킬레우스와 거북이 움직인 거리는 각각 (7)과 (8)처럼 된다.

시간(분): $1+\frac{1}{2}+\frac{1}{4}+\cdots\cdots$: (6)

아킬레우스가 간 거리(km): $1+\frac{1}{2}+\frac{1}{4}+\cdots\cdots$: (7)

거북이 간 거리(km): $\frac{1}{2}+\frac{1}{4}+\cdots\cdots$: (8)

(6), (7)의 각 항들을 눈여겨보자. 이들을 나열한 수열은 앞에서 우리가 이미 알아보았던, 제1항이 1이고 공비가 $\frac{1}{2}$인 등비수열이다. 따라서 (6), (7)은 모두 2에 가까워진다. 즉, 극한 2를 지닌 수열이다. 또 (8)은 (7)에서 1을 뺀 것이므로, (8)의 극한은 $2-1=1$이다. 이것은 아킬레우스가 2분 후에 A_1에서 앞으로 2km 떨어진 지점, 즉 B에서 거북을 따라잡는다는 것을 의미한다.

결국 제논의 '아킬레스와 거북' 역설은 어느 일정한 거리와 시간 안에 일어난 일만 두고 말한 것이다. 우리가 든 예에서는 2km 이내, 2분 이내의 사건만 두고 말한 것이 된다. 즉, 1분 후, $1+\frac{1}{2}$분 후처럼 순간순간만을 강조해, 아직 "아킬레우스는 거북을 따라잡지 못했다"고 한 것이다. 이것은 달리 말하면, "아킬레우스는 거북을 따라잡는 시각의 $\frac{1}{2}$분 전에는 따라 잡지 못한다, $\frac{1}{4}$분 전에도 따라잡지 못한다"라고 한 것에 불과하다.

제논의 역설은 2km와 2분이라는 한계 내에서는 옳다. 그러나 "계속해서 뒤쫓아 가도", 다시 말해 '무한의 거리까지' 혹은 '시간이 아무리 많이 흘러도 영원히' 따라잡지 못할 것이라는 주장은 잘못된 것이다. 바로 이 점에 이 역설의 속임수가 있다.

나머지 역설 3가지

내친 김에 제논의 나머지 역설에 대해서도 간단하게나마 알아보자. 제논의 4가지 역설 가운데 ② 아킬레우스와 거북 역설을 제외하면 다음 3가지가 남는다.

① **이분 역설:** "움직이는 물체는 결코 목적지에 도착할 수 없다."

③ **화살 역설:** "날아가는 화살은 날지 않는다."

④ **경기장 역설:** "같은 시간에 같은 속도로 움직여도 그 양은 다르다."

먼저 ① 이분 역설을 설명하는 〈그림 3〉을 보자.

A에서 B까지 운동하는 과정을 보면, B에 이르기 전에 먼저 그 거리의 절반 지점인 C에 도착해야 한다. 또 C에 도착하기 위해서는 거기까

그림 3

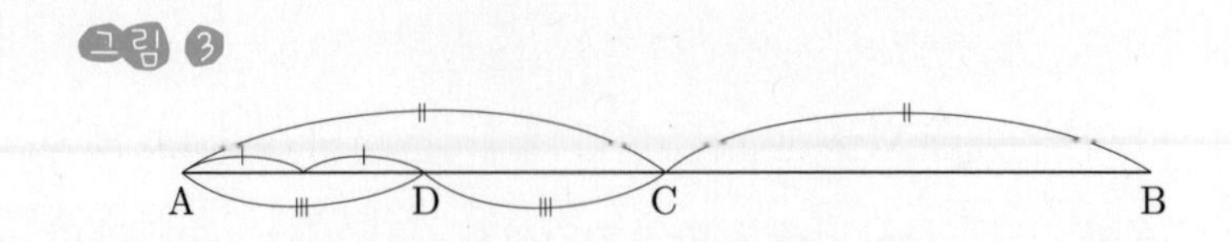

지 거리의 절반 지점인 D에도 도착해야 하고, 이 같은 과정은 무한히 계속된다. 따라서 운동하는 것은 유한한 시간 내에 무한히 많은 점에 지나야 하기 때문에, 운동은 불가능하다.

다음은 ③ 화살 역설, "날아가는 화살은 날지 않는다"이다. 모든 물체는 어느 한 위치를 차지하고 있을 때에는 정지해 있다. 날아가는 화살도 날아가는 매순간에는 어느 한 위치에 머물러 있으며, 그 순간에는 정지하고 있다. 따라서 매순간 정지해 있는 화살은 전체적으로 볼 때에도 정지해 있고, 결국 화살은 날지 않고 정지해 있는 것이다.

마지막으로 ④ 경기장 역설, "같은 시간에 같은 속도로 움직여도 그 양은 다르다"의 내용을 보자. 경기장에 4마리가 한 조인 말들이 3조 있다. 이들을 〈그림 4〉와 같이 $AAAA$와 $BBBB$, $CCCC$라 하자. $AAAA$조는 정지해 있고, 그 옆을 다른 두 조 $BBBB$와 $CCCC$가 같은 속도로 서로 반대 방향으로 이동한다. 여기에서 말은 공간의 최소단위를 의미하며, 이것은 예를 들면 양자*와 같은 것을 나타낸다고 볼 수 있다.

아무튼 처음에는 〈그림 4−1〉과 같은 위치에 있던 3개조의 말이 일정한 시간 동안 이동해 〈그림 4−2〉와 같은 위치에 이르렀다. 이때 각

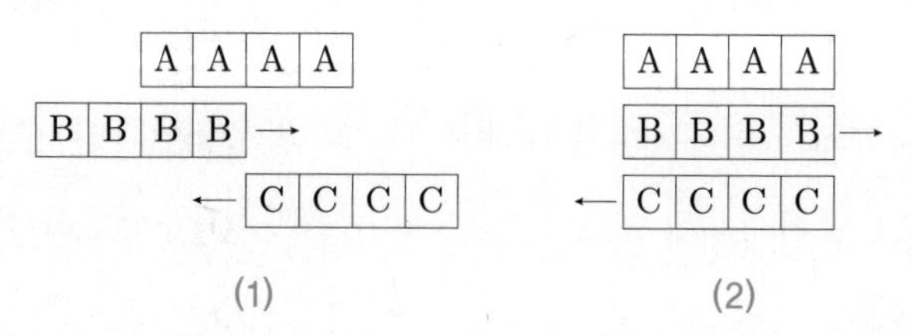

각의 말이 다른 1마리의 말을 통과하는 데 걸리는 시간을 1단위 시간이라고 하면, 〈그림 4−2〉의 위치에 도달하기 위해서는 B의 오른쪽 끝의 말은 A조의 말 2마리를 통과해야 하므로 2단위 시간이 필요하다. 동시에 C의 오른쪽 끝의 말에 도달하기 위해서는 C의 4마리 말을 통과해야 하기 때문에 4단위의 시간이 필요하게 된다. 따라서 '2단위의 시간=4단위의 시간'이 된다.

이 역설의 의미는 물체가 낼 수 있는 유한의 최대속도가 있다면 모순이 생긴다는 것이다. 즉, $BBBB$조와 $CCCC$조의 말처럼 두 물체가 반대되는 방향으로 서로를 향해 최대의 속도로 다가오면, 두 물체는 서로에 대해 최대속도가 2배가 되고 만다. 그러므로 최대속도라는 말에 모

* **양자** 더 나눌 수 없는 에너지의 최소 단위를 말한다. 복사 에너지에서 처음 발견해 '에너지 양자'라고도 한다.

순이 생긴다는 것이다.

이것을 우리가 아는 한 가장 빠른 빛의 속도에 비유해 보자. 30만km로 반대방향으로 움직이는 빛이 서로 마주보고 움직인다면, 결국 60만km로 서로 멀어져가게 되므로 30만km가 가장 빠른 속도라는 사실이 깨져 버린다.

이 모순을 해결해 주는 것은 아인슈타인의 '상대성이론'이다. 상대성이론에 의하면, 빨리 움직이면 시간이 느려지므로 이런 일은 생기지 않는다. 제논의 이 역설 속에는 상대성이론을 이해하는 단서가 들어 있는 것이다.

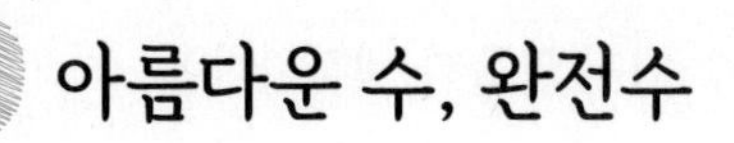

06 아름다운 수, 완전수

아름다움이란 무엇일까? 우리는 어떤 것에 아름다움을 느낄까? 아름다움에 대한 사람들의 생각은 역사 속에서 변화되어 왔다. 예를 들어, 아름다움을 표현하는 예술에서는 어떻게 말하는지 보자. 예술에서는 세상을 있는 그대로 얼마나 잘 모방했는지를 중요하게 여긴 때도 있었다. 나비가 날아들 만큼 진짜 같은 꽃을 그렸다는 이야기는 모방을 아름다움의 기준으로 여겼음을 나타낸다. 또 우리 인간의 감정을 얼마나 잘 표현했는가가 아름다움의 기준이 되기도 했다.

하지만 아름다움은 세상의 모방이나 감정의 표현에 있지 않다고 생각하는 사람들도 있었다. 아름다움을 표현한 형식, 그 자체가 아름다움이라는 것이다. 형식 자체라니, 이게 무슨 말일까? 궁금하기는 하지만, 그것은 우리가 나눌 이야기가 아니다. 다만 지금 우리가 하려는 '완전수'

에 대한 이야기에서 힌트는 얻을 수 있지 않을까 생각한다.

수학자들은 수에서 아름다움을 찾았다. 세상 모든 것을 수로 인식한 피타고라스와 그를 따르는 무리에게, 수는 그 자체로 아름다움이었다. 그러나 모든 수가 같은 것은 아니다. 고대 그리스 수학자들은 수 가운데 가장 아름다운 수에 '완전수'라는 이름을 붙였다.

우리가 지금 하려는 이야기의 주인공은 바로 이것, 완전수이다.

완전수의 의미

완전수는 한 마디로 말해, "약수의 합이 바로 자기 자신인 수"이다. 이때 약수에서는 자기 자신이 제외된다. 이렇게 자기 자신을 제외한 약수를 '진약수'라고 하지만, 이번 이야기에서는 진약수의 의미로 약수를 사용하기로 하자.

고대 그리스에서는 모두 4개의 완전수를 찾아냈는데, 그 가운데 첫 번째 완전수는 6이고 두 번째 완전수 28이다. 첫 번째 완전수인 6의 약수는 1, 2, 3, 6이고, 거기에서 6을 제외한 약수를 모두 합하면 $1+2+3=6$이 된다.

그런데 왜 완전수完全數, perfect number라고 한 걸까? 고대 그리스 사람들은 수에 신비함이 있다고 생각했다. 특히 황금비율에서 본 것처럼 비례와 질서 그리고 조화에서 아름다움을 느꼈다. 그 자신과 약수의 합이 완전히 일치하는 것에서 신비로움과 완전함을 느꼈다는 말이다.

로마 사람들은 첫번째 완전수 6을 비너스Venus와 연결해서 생각했다고 한다. 6=2×3에서 2는 여성, 3은 남성을 뜻하고, 6은 여성과 남성의 결합을 나타낸다고 생각한 것이다. 중세 종교학자들 중에는 완전수가 보여주는 완전함, 전체와 부분의 일치가 우주를 구성하는 기본 질서라고 주장하는 사람도 있었다. 수학적인 특성에서 나아가 종교적 의미를 갖는 신비러움을 완전수에서 찾은 것이다.

또 첫 번째 완전수가 6인 이유를 ≪구약성서≫ 〈창세기〉의 내용에서 찾는 사람도 있다. 〈창세기〉에는 다음과 같은 내용이 나온다.

"하나님은 하시던 일을 엿샛날까지 다 마치시고, 이렛날에는 하시던 모든 일에서 손을 떼고 쉬셨다."

하나님이 6일 동안 세상만물을 모두 창조하고 7일이 되는 날 쉬었다는 내용이다. 여기에서 하나님이 6일 동안 세상을 창조했으니 6이 완전수라고 설명하는 사람도 있고, 반대로 6이 완전수이기 때문에 하나님이 6일 동안에 모든 것을 다 만들었다고 말하는 사람도 있다.

이와 비슷한 이야기로 두 번째 완전수 28에 대해 설명하는 사람도 있다. 달이 지구 주위를 도는 공전주기는 28일인데, 여기에서 완전수의 의미를 찾는 것이다.

완전수는 그 이름 때문에 이처럼 재미있는 이야기들을 만들어냈다.

하지만 이것은 모두 그저 재미있는 이야기일 뿐, 수학에서는 별 의미가 없다. 완진수에는 그저 '약수의 합이 바로 자기 자신인 수' 이외의 다른 의미는 없다. 수학에서는 어떤 말에도 그 정의 이외의 의미를 부여하지 않는다. 다만 그 자체로 말할 뿐이다.

친화수

이제 완전수에 대해 알아보자. 그에 얽힌 이야기가 아니라, 수학에서 다루는 내용에 대해 알아보는 것이다. 먼저 완전수로 나아가는 개념 '친화수'에서 시작하자.

220과 284는 완전수는 아니지만, 서로 특별한 관계가 있는 수이다. 완전수에서처럼 약수를 모두 찾아 더해 보자.

- 220의 약수의 합:
  $1+2+4+5+10+11+20+22+44+55+110=284$
- 284의 약수의 합: $1+2+4+71+142=220$

그러니까 220과 284는 '서로 다른 수의 약수의 합'이 되는 관계이다. 이 같은 두 수를 친화수親和數, amicable number라고 한다. 스위스의 물리학자이자 수학자인 오일러Euler, 1707~1783년는 친화수 64세트를 찾아냈다. 〈표 1〉은 그 가운데 6세트의 친화수를 적어 놓은 것이다.

표 1 친화수

220	284
1184	1210
2620	2924
5020	5564
6232	6868
10744	10856
17296	18416

⋮

그럼 친화수를 식으로 나타내 보자. 자연수 n의 모든 약수(이때는 자기 자신도 포함한다)의 합을 '$S(n)$'이라고 하자. 그러면 n의 친화수는 n의 약수들의 합 $S(n)$에서 자기 자신인 n을 뺀 수이므로, 이렇게 나타낼 수 있다.

$$S(n)-n$$

그럼 서로 친화수인 두 수 n과 m이 있다면, 이 두 수의 관계는 다음과 같은 식으로 나타낼 수 있다.

$$\left.\begin{array}{l} S(n)-n=m \\ S(m)-m=n \end{array}\right\} : (1)$$

바로 이런 관계에 있는 두 수 n, m을 친화수라고 한다.

완전수를 나타내는 방법

친화수를 나타내는 식 (1)에서 $S(n)-n=n$ 인 경우, 즉 약수의 합이 바로 자기 자신인 경우를 생각할 수 있다. 이것을 정리하면 다음과 같다.

$S(n)=2n$: (2) 완전수의 성격을 나타내는 식

이런 경우 n을 완전수라고 부른다. 그리고 이것을 문장으로 나타내면 다음과 같다.

"n과 자기 자신이 친화수이다."

결국 완전수는 친화수 가운데 특별한 조건, 즉 (2)의 식에 맞는 수인 것이다. 예를 들어 보자. 6의 약수는 1, 2, 3이고, 이들의 합은 $1+2+3=6$이다. 또 28의 약수 합은 $1+2+4+7+14=28$이다. 다시 말해서, 6과 28에 대해 다음 식이 성립한다.

- $S(6)=2\times6$
- $S(28)=2\times28$

앞에서도 말했듯이 고대 그리스 사람들은 이미 4개의 완전수를 찾았다. 그후 많은 사람들이 완전수를 찾기 위해 노력했고, 실제로 찾은 완전수의 수도 많아졌다. 그러니 하나하나에 이름을 붙일 필요가 생겼다. 어떻게 붙이면 좋을까? 완전수를 나타내는 영어 표현의 머리글자 P에 번호를 붙이는 방법을 쓰자. 첫 번째 완전수 6은 P_1, 두 번째 완전수는 28은 P_2, ……와 같은 방법으로 나타내는 것이다.

$P_1=6$

$P_2=28$

$P_3=496$

$P_4=8128$

$P_5=33550336$

⋮

완전수는 이렇게 커져서 여덟 번째 완전수 P_8은 19자리 수이다. 이 수를 발견한 사람도 오일러였는데, 이 수를 보고 바로우Barlow라는 사람은 "이것이 사람이 찾는 가장 큰 완전수가 될 것이다"라고 말했다. 왜냐하면 아무 쓸모도 없는 것을 순전히 호기심만으로 찾는 사람은 더 이상 없을 테니까. 그러나 정말 그럴까?

호기심 많은 수학자들은 그 후로도 계속 완전수에 매달렸고, 완전수는 하나씩 더 발견되었다. 그와 더불어 수학자들은 완전수를 찾는 공식을 만들려는 노력을 계속했다. 이제 그것을 알아보자.

완전수를 확인하는 방법

완전수를 찾는 공식을 만들려면 먼저 이미 발견된 완전수들 사이에 공통된 특성이 무엇인지 알아야 한다. 우선 이미 발견된 완전수들이 완전수가 맞는지 확인하는 방법을 생각해 보자. 그러려면 주어진 수의 약수를 모두 찾아야 한다. 6과 28 정도라면 암산으로도 간단히 할 수 있지만, 수가 커지면 날이 저물고 밤을 꼬박 새야 할 것이다. 뭔가 더 효율적인 방법은 없을까?

만약 약수를 구하는 방법과 약수의 개수를 알아내는 방법이 있다면 이 문제는 쉽게 해결된다. 둘 다 인수분해에서 시작된다. 예를들어, 28을 인수분해해 보자. 인수분해 방법은 알고 있겠지?

2) 28 : 28을 소수로 차례차례 나눈다.

2) 14 이렇게 나누어 나온 수, 2와 7이 28의 소인수가 된다.

7

$28=2\times2\times7=2^2\cdot7$: (3) 28을 소인수의 곱으로 나타낸 것

이번에는 28의 약수를 모두 나열해 보자.

- $1, 2, 2^2, 7, 2\cdot7, 2^2\cdot7$: 28의 약수를 소인수의 곱으로 나타낸 것
- $1, 2, 4, 7, 14, 28$: 소인수의 곱을 계산하여 얻은 28의 약수

28의 약수는 모두 6개이다. 그러니 이 가운데 자기 자신인 28을 제외한 약수를 모두 더해 보면 28이 완전수인지 아닌지 알 수 있다.

하지만 더 큰 수라면 약수를 일일이 세고 그 합을 계산한다는 것은 정말 번거로운 일이다. 물론 일일이 수를 세지 않아도 약수의 수를 구하는 방법이 있다. 인수분해한 식에서 각 소인수의 지수를 이용하는 것이다.

예를 들어, 28의 약수의 수를 구해 보자. 방법은 간단하다. 각 소

인수의 지수에 1을 더해 나온 수들을 서로 곱하면 된다. 다시 말해, $28=2^2\cdot7$에서 소인수 2의 지수는 2이고, 7의 지수는 1이므로, 28의 약수의 개수는 $(2+1)\times(1+1)=6$개가 되는 것이다.

그럼 약수의 개수를 구하는 이 공식은 어떻게 나온 걸까? 28의 모든 약수를 다음과 같이 소인수의 곱으로 표기할 수 있다. 단, 여기에서 0이 아닌 수 a에 대해 $a^0=1$이라고 약속한다. 즉, $2^0=1$, $7^0=1$이다.

• $2^0\cdot7^0$, $2^1\cdot7^0$, $2^2\cdot7^0$, $2^0\cdot7^1$, $2^1\cdot7^1$, $2^2\cdot7^1$

그러니까 28의 모든 약수를 28을 인수분해해서 얻은 모든 소인수의 곱으로 나타내는 것이다. 예컨대, 1을 28의 모든 소인수의 곱으로 나타내면 $2^0\cdot7^0$이 되는 것이다. 자, 그럼 이제 28의 약수를 다음과 같은 형태로 쓸 수 있다.

$2^x\cdot7^y$, $x=0, 1, 2$; $y=0, 1$: (4)

그리고 이 형태의 수는 28의 약수이다. 여기에서는 이 형태의 수의 개수를 구하면 28의 약수가 모두 몇 개인지 알 수 있다. 우선 2의 지수 x는 0부터 2까지 움직인다. 따라서 (3) $28=2^2\cdot7$에 있는 2의 지수 2에서 1을 더한 $2+1=3$개가 된다. 또 7의 지수 y는 0부터 1까지 움직이고, 이것은 (3)에 있는 7의 지수 1에서 1을 더한 $1+1=2$개가 된다. 그러므로 (4) 형태의 수는 모두 $2\times3=6$개인 것이다.

이렇게 나온 6이 바로 28의 약수의 개수이다. 약수의 개수를 구하는 방법을 알아두면 약수를 나열해서 약수의 수를 구할 때처럼 잠깐 실수로 한두 개를 빼먹는 낭패를 피할 수 있다.

자, 이제 다시 완전수 문제로 돌아가자. 다음은 지금 우리가 문제 삼고 있는 수들의 약수를 나타낸 것이다.

• $P_3=496$의 약수: $2^4 \cdot 31$

→ 1, 2, 4, 8, 16, 31, 62, 124, 248, 496

• $P_4=8128$의 약수 : $2^6 \cdot 127$

→ 1, 2, 4, 8, 16, 32, 64, 127, 254, 508, 1016, 2032, 4064, 8128

완전수를 나타내는 공식

그렇다면 완전수를 찾는 공식은 없을까? 다시 완전수들을 자세히 살펴보자.

$P_1=6=2 \cdot 3$

$P_2=28=2^2 \cdot 7$

$P_3=496=2^4 \cdot 31$

$P_4=8128=2^6 \cdot 127$

⋮

자, 뭔가를 알아차렸는가? 먼저 눈에 띄는 것은, 지금까지 거론한 완전 수는 모두 짝수라는 사실이다. 그리고 그 수들은 모두 다음과 같은 형태를 띠고 있다.

• $P_n=2^{m-1}\cdot(2^m-1)$, 2^m-1은 소수 : (7)

이러한 사실은 기원전에 유클리드가 이미 증명한 바 있다. 그는 ≪원론≫의 〈제9권〉에서 다음을 증명했다.

"2^m-1이 소수이면, $2^{m-1}\cdot(2^m-1)$은 완전수이다."

그리고 그 후 2000년 정도 지나서 오일러가 "짝수의 완전수는 반드시 (7)의 형태이다"는 것을 증명했다. 덧붙이자면, 2^m-1이 소수일 때 우리는 이것을 메르센 소수*라고 한다. 따라서 (7)의 형태이면서 메르센 소수가 있는 것마다 짝수의 완전수가 된다는 것을 알 수 있다.

* **메르센 수와 메르센 소수** 2^n-1의 형태로 나타낼 수 있는 수, 즉 2의 거듭제곱에서 1이 모자란 수를 '메르센 수'라고 하고, $M_n=2^n-1$로 나타낸다. 예를 들면, 1, 3, 7, 15, 31, 63, 127, 255, …… 등이다. 그리고 메르센 수 가운데 소수를 메르센 소수라고 한다. 예를 들면 3, 7, 31, 127, …… 등이다.

홀수의 완전수

그렇다면 홀수는 어떨까? 홀수인 완전수는 있는 걸까? 또 완전수를 나타내는 공식은 홀수인 완전수를 나타낼 수 있을까? 만약 그렇지 않다면, 완전수는 얼마나 있는지, 완전수 공식이 모든 완전수를 나타내는지 확인할 수가 없다. 이 문제는 다음과 같은 말로 정리할 수 있다.

"홀수의 완전수가 있다면 그 실례를 보여 주고, 만약 없다면 그것을 증명을 해보자."

안타깝게도 이것에 대한 결론은 아직 나오지 않고 있다. 여러분이 한번 도전해 보면 어떨까?

수학자들과
수학 기호,
그리고

오일러

17세기 영국에서 가장 영향력 있는 수학자로 꼽히는 윌리엄 오트레드William Oughtred, 1574~1660년는 영국 성공회의 목사였다. 그의 책 ≪수학의 열쇠≫는 영국에 수학 지식을 전파하는 데 많은 역할을 했다. 그는 이 책에서 150여 가지 수학 기호들을 제시하고, 또 그것들의 중요성을 강조했다. 그 중에 지금까지 사용되는 것은 세 가지인데, 곱셈기호 ×와 비를 나타내는 4점 ∷, 그리고 두 수의 차를 나타내는 기호 ~이다.

이 가운데 가장 널리 이용되는 가위표는 처음에 곱셈기호로 쉽게 받아들여지지 않았다. 왜냐하면 라이프니츠가 지적했듯이 그것은 알파벳의 X와 너무 비슷하기 때문이었다. 라이프니츠는 곱셈기호로 모자모양 기호 ∩를 사용했다. 참고로, 나눗셈 기호 ÷는 1659년에 스위스의 란Johann Heinrich Rahn, 1622~1672년이 쓴 대수책에 처음으로 등장하면서 사용되기 시작했다. 이 기호는 유럽대륙에서는 뺄셈을 나타내는 것으로 오랫동안 사용되기도 했다. 또 기하학에서 우리에게 잘 알려진 합동기호(≡)는 라이프니츠가 만들었다.

스위스의 수학자 오일러Euler, 1707~1783년는 '계산법'을 고안해낸 것으로 유명하다. 예를 들어 '모든 자연수는 약수를 갖는데, 그 약수는 어떻게 찾을까?', 또 '모든 자연수는 실수인 제곱근을 갖는데, 그 제곱근은 어떻게 계산할 수 있을까?' 등 어떤 문제에서 요구되는 실제적인 계산을 해내는 방법을 찾는 데 뛰어난 재능이 있었다.

그는 기호도 일정한 규칙을 갖고 사용했는데, 함수를 $f(x)$라고 표기하고, 삼각형 ABC의 세변의 길이를 a, b, c라고 했으며, 삼각형의 내접원의 반지름을 r, 외접원의 반지름을 R이라고 표기했다. 이것들은 지금도 사용한다.

스위스에서 태어난 오일러는 러시아와 독일에서 대부분의 생애를 보냈는데, 그가 러시아에 있을 때 이런 일이 있었다고 한다. 러시아의 여제 에카테리나의 궁에 초대된 프랑스의 철학자 디드로가 무신론을 주장하고 있었다. 그의 이야기에 싫증이 난 에카테리나 여제가 오일러에게 이 철학자의 입을 막아 버리도록 명하자, 오일러는 디드로에게 가까이 다가가 엄숙하고 확신에 찬 태도로 이렇게 말했다.

"$\dfrac{a+bn}{n}=x$. 그러므로 신은 존재합니다. 이에 대해 대답해 주십시오."

디드로는 대답을 못 하고 있는데 갑자기 사람들 사이에서 폭소가 터졌고, 디드로는 그 길로 프랑스로 돌아갔다고 한다.

오일러에게 불행이 닥친 것은 파리 학사원 상 때문이었다. 저명한 수학자들이 몇 개월의 시간을 달라고 할 정도로 어려운 문제를 그는 상을 받기 위해 사흘 만에 풀었는데, 너무 오래 긴장한 상태로 집중한 결과 오른쪽 눈이 안 보이게 된 것이다.

그 후 그는 생애의 마지막 17년을 완전한 장님으로 보냈다. 그러나 베토벤이 귀가 먼 후에도 음악활동을 계속했던 것처럼, 눈이 안 보이게 된 후에도 오일러는 복잡한 계산도 암산으로 하고 논문은 구술하면서 그 이전과 마찬가지로 왕성한 활동을 했다고 한다.

피타고라스의 정리
직각삼각형에서 직각을 사이에 낀 변의 길이를 a, b,
빗변의 길이를 c라고 하면, a2+b2=c2이 성립한다.
a²+b²=c²
정리
역
피타고라스의 정리의 역
세 변의 길이가 각각 a, b, c인 삼각형에 대해,
a2+b2=c2이 성립하면,
그것은 길이가 c인 변의 대각이 직각인 직각삼각형이다.
피타고라스의 수
x=2pqt, y=t(p²-q²), z=t(p²+q²)
대단해요!
피타고라스보다 1,200년 전인
고대 바빌로니아에서는
피타고라스의 정리가 성립하는 수를
15쌍이나 알고 있었다.
원하는 대로 변형하자
변형하는 방법
테셀레이션이 가능한 도형의 예
테셀레이션이 불가능한 도형의 예
에 외접하는 원기둥의 부피는 그 구 부피의 1.5배
작도는 자와 컴퍼스만 사용해서 도형을 그리는 것.
① 자로 두 점을 잇는 직선을 긋고,
② 직선을 연장하고,
③ 컴퍼스로 한 점을 중심으로 해서
다른 한 점을 지나는 원을 그리는 것만 허용된다.
로마 군사가 다가오는 것도 모르고 도형에 대한 연구
에 빠져 있다가 죽음을 맞았다는 아르키메데스. 그
는 평소에 자신이 죽으면 묘비에 원기둥에 내접하는
구의 그림을 새겨 달라고 말했다고 한다.
요건 마방진 값
30°
A
자도 종류대로.....
2장에서는 컴퍼스가 필요해.
오늘은 달콤한 밀크티와
컵케이크
C
b
a
A
α
c
π=3.1415926......
요 정도는
알고 있겠지?
너도 해 봐!
고대 그리스에서부터 전해오는 작도 불가능한 문제 3가지
정말 그럴까?
불가능에 도전해 봐!
① 주어진 정육면체보다 부피가 2배 더 큰 정육면체를 만들어라.
② 주어진 원과 넓이가 같은 정사각형을 만들어라.
③ 임의의 각을 3등분하라.
복잡한 세상에서 질서를 찾는
도형! 프랙털!!
가능한 것도 있거든!
우리가 사는 사회는 복잡하기 이를 데 없다. 자연도 마찬가지다.
그래서 우리는 이 복잡한 세상을 이해하기 위해 노력한다.
다양한 방면의 학문들이 그러한 노력의 과정이고 결과이다.
만약 이 복잡한 세상에 일정한 질서가 있다면 우리 삶도 훨씬 쉬울 것이다.
그러면 공부를 조금은 더 적게 해도 될 테니까.
수학도 복잡한 자연과 사회 속에서 일정한 질서를 알아내려는 노력을 해 왔다.
그 가운데 하나가 프랙털fractal이라는 기하학적 개념이다.

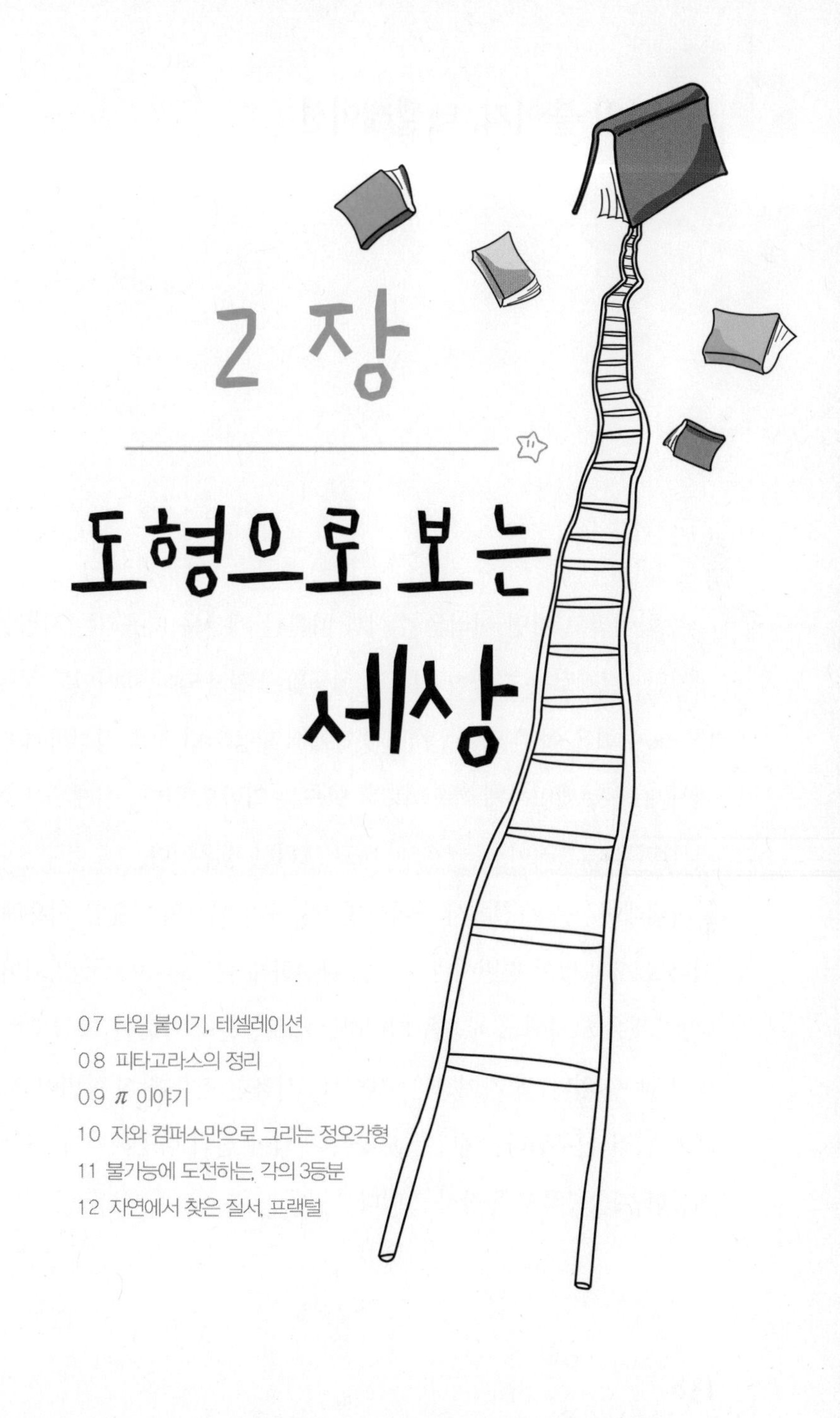

2장

도형으로 보는 세상

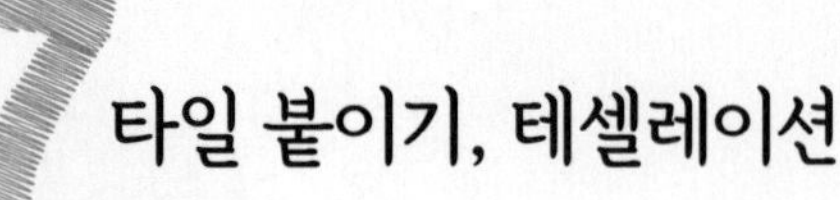

07 타일 붙이기, 테셀레이션

수학이라고 하면 어려운 수식과 따분한 계산을 떠올리는 사람들이 많지만, 실제로는 다양한 형태로 실생활에 활용되는 재미있는 분야이다. 또 수학은 아주 오랫동안 실생활에서 활용되던 것을 정리하여 더욱 편하게 더욱 세밀하게 이용되도록 만드는 역할도 한다. 이제부터 우리가 살펴볼 테셀레이션Tessellation이 바로 그러한 경우이다.

테셀레이션을 사전에서 찾아보면 "한 가지 이상의 도형을 이용해 틈이나 포개짐 없이 평면이나 공간을 완전하게 덮는 것"으로 설명되어 있다. 이것은 모자이크 세공을 의미하는 말로, 달리 말하면 '타일 붙이기'라고 할 수 있다. 모자이크는 고대부터 사용한 건축 장식 방법이고, 지금도 널리 이용된다. 게다가 모양이나 색이 점점 다양해지며, 이것을 이용한 예술작품도 등장하고 있다.

타일과 관련된 유명한 일화도 전해진다. 바로 피타고라스가 바닥에 깔린 타일을 보고 그 유명한 '피타고라스의 정리'를 생각해냈다는 것이다. 자, 이제 테셀레이션이 무엇이고, 그것의 수학적 바탕은 무엇인지 살펴보자.

정다각형과 테셀레이션

이제 우리는 타일 붙이기를 하려고 한다. 가장 먼저 생각할 수 있는 것은 정사각형이나 정삼각형과 같은 한 종류의 정다각형을 이용하는 방법일 것이다. 같은 모양과 같은 크기의 정다각형을 사용해 평면을 덮어 나가는 것이 가장 손쉬운 방법일 테니까.

정다각형이란 각 변의 길이가 같고 내각의 크기가 모두 같은 도형으로 정삼각형, 정사각형, 정오각형……을 말한다. 그렇다면 모든 정다각형이 타일 붙이기에 쓰일 수 있을까? 사실 테셀레이션이 가능한 정다각형은 딱 3개, 정삼각형, 정사각형, 정육각형뿐이다.

〈그림 1〉을 잘 살펴보면 몇 가지 흥미로운 사실을 발견할 수 있다. 우선 세 도형 가운데 일렬로 나란히 세워 평면을 꽉 채울 수 있는 것은 정사각형뿐이다. 또 정삼각형을 이용한 테셀레이션은 정육각형의 경우와 같다는 것을 알게 된다. 즉, 한 점을 둘러싼 정삼각형 6개를 묶어 보면

정육각형을 이루고 있다는 것이다.

그런데 왜 이 3개의 정다각형만 한 종류로 평면을 메울 수 있는 것일까? 다른 정다각형들로는 왜 평면을 덮을 수 없을까? 이 물음에 대한 답은 간단한다. 〈그림 1〉에서 보는 것처럼 다각형의 꼭짓점이 서로 맞물려 360°를 가득 채워야 하기 때문이다. 다시 말해, 한 꼭짓점에 모이는 정다각형의 내각의 합이 360°가 되어야 한다는 것이다.

정삼각형의 경우, 내각의 크기가 60°이므로 6개가 모이면 360°가 된다. 내각의 크기가 90°인 정사각형은 4개가 모이면 360°가 되고, 내각의 크기가 120°인 정육각형은 3개가 모이면 된다.

반면 다른 정다각형, 예를 들어 정오각형은 내각의 크기가 108°이므로 정오각형만으로는 360°를 채울 수 없다. 즉, 〈그림 2〉에서 보는 것

그림 1 정다각형을 이용한 테셀레이션

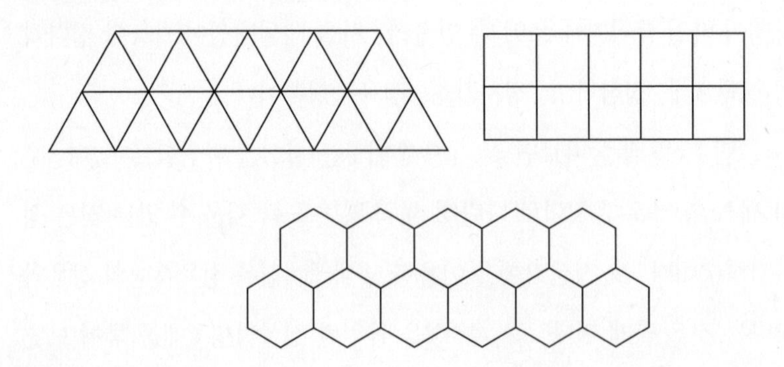

그림 2 정오각형을 이용한 테셀레이션

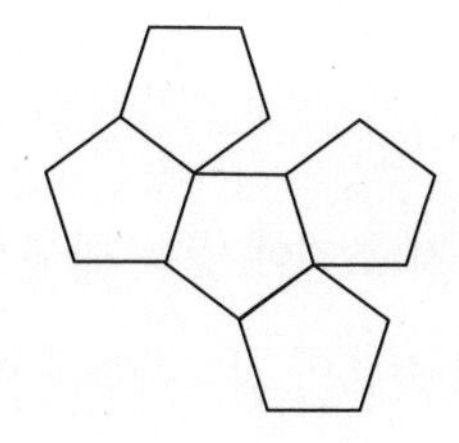

처럼 108은 360의 약수가 아니므로 한 꼭짓점에 모이는 내각의 합이 360°가 될 수 없는 것이다.

정리하면, 테셀레이션을 하기 위해서는 한 점에서 만나는 정다각형의 내각의 크기가 360의 약수가 되어야 한다. 180°, 120°, 90°, 72°, 60°, 45°……일 때만 가능하다는 말이다. 따라서 한 내각의 크기가 60°인 정삼각형과 90°인 정사각형, 120°인 정육각형만이 가능한 것이다.

여러 도형으로 테셀레이션 만들기

그럼 다른 도형들을 이용해 평면을 메우려 할 때에는 어떻게 해야 할까? 물론 두 가지 이상의 도형으로 만들면 된다. 이때 다음 두 가지 조건을 만족해야 한다.

(1) 정다각형을 이용해야 한다.

(2) 각 꼭짓점에 모이는 정다각형의 조합이 같아야 한다.

〈그림 3~7〉은 위의 2가지 조건에 맞는 테셀레이션의 예를 보여 주는 것이다. 이런 식으로 여러 종류의 정다각형을 이용하면 평면을 모두 덮을 수 있다. 그렇다면 〈그림 8~9〉의 경우는 어떨까? 이런 식으로 평면을 덮을 수 있을까? 〈그림 8〉과 〈그림 9〉 역시 언뜻 보기에는 평면을 덮을 것처럼 보인다. 하지만 한 단계만 더 진행해 보면 같은 모양으로는

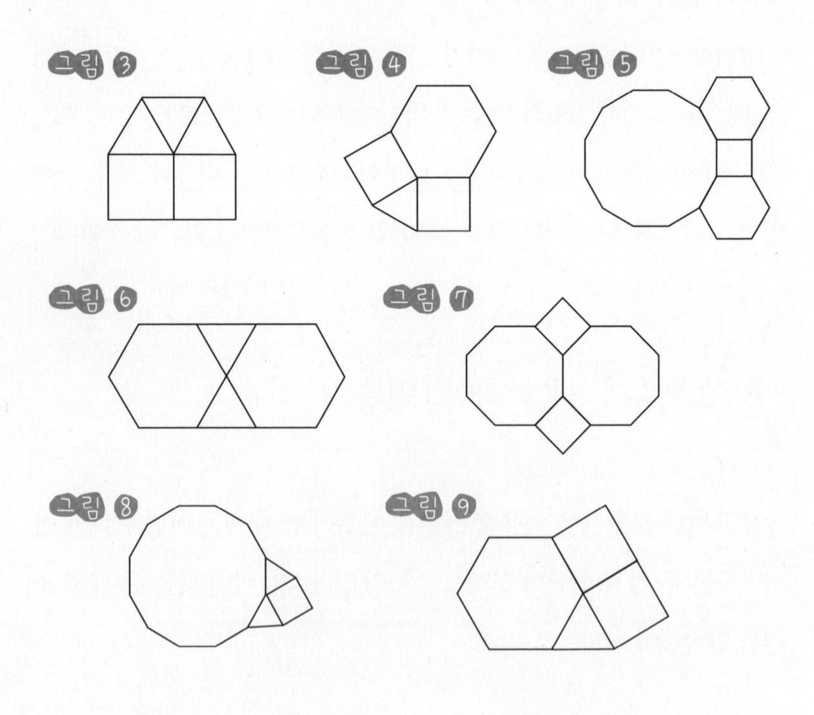

평면을 덮을 수 없음을 알게 된다. 이유는 두 번째 조건에 맞지 않기 때문이다. 다시 말해 이런 식으로는 한 점에 모이는 다각형의 조합이 일정하지 않기 때문이다.

한 점에 모이는 다각형들이 같은 조합으로 이루어지지 않는 경우는 무수히 많이 만들 수 있다. 〈그림 8~9〉의 다각형들 역시 그 수많은 조합들을 사용해 평면을 메울 있지만, 모양과 크기가 다른 다각형을 수없이 준비해야 하니 '타일 붙이기'에는 적합하지 않다.

테셀레이션 구별하기

지금까지 알아본 다양한 모양의 테셀레이션을 구별하는 방법은 없을까? 간단한 방법이 있다. 서로 구별되는 이름을 붙여 주면 된다. 테셀레이션에 이름을 붙이는 방법은 많지만, 한 꼭지점을 둘러싸고 있는 다각형을 차례대로 불러 주는 방법이 가장 일반적으로 사용된다. 이때 정삼각형은 3, 정사각형은 4……로 한다.

예를 들어 보자. 〈그림 3〉은 3, 3, 3, 4, 4이고, 〈그림 4〉는 3, 4, 6, 4이다. 〈그림 5〉는 4, 6, 12이고, 〈그림 6〉은 3, 6, 3, 6이며, 〈그림 7〉은 4, 8, 8이다. 〈그림 8~9〉도 같은 방법으로 이름을 붙일 수 있다. 〈그림 8〉은 3, 4, 3, 12이고, 〈그림 9〉는 3, 4, 4, 6이다. 순서

는, 처음에는 작은 것부터 시작하지만, 반드시 크기순으로 계속되는 것은 아니다. 배열순서를 이름에 반영해, 시계 반대 방향으로 이름을 붙여 나간다.

이름에 배열순서를 반영하는 까닭은 〈그림 4〉와 〈그림 9〉를 비교해 보면 알 수 있다. 모두 정삼각형 1개와 정사각형 2개, 정육각형 1개로 이루어져 있지만, 배열순서에 따라 〈그림 4〉는 테셀레이션이 가능하고 〈그림 9〉는 불가능하다. 즉, 가능한 패턴의 이름을 보면 3, 4, 6, 4와 같이 2개의 정사각형 사이에 정삼각형과 정육각형이 있고, 불가능한 패턴은 3, 4, 4, 6과 같이 정사각형이 연속해서 변을 공유하고 있다.

정다각형의 변형

지금까지 살펴본 테셀레이션은 모두 정다각형을 이용하는 것이었다. 물론 더 다양한 모양도 가능하다. 정다각형을 변형하면 상상 이상으로 다양한 모양의 테셀레이션을 할 수 있다. 예를 들면 〈그림 10〉과 같은 경우이다. 이것은 정사각형을 변형하여 만든 것인데, 만드는 방법도 생각보다 쉽다. 〈그림 11〉은 이 테셀레이션을 만드는 방법을 보여주는 것이다.

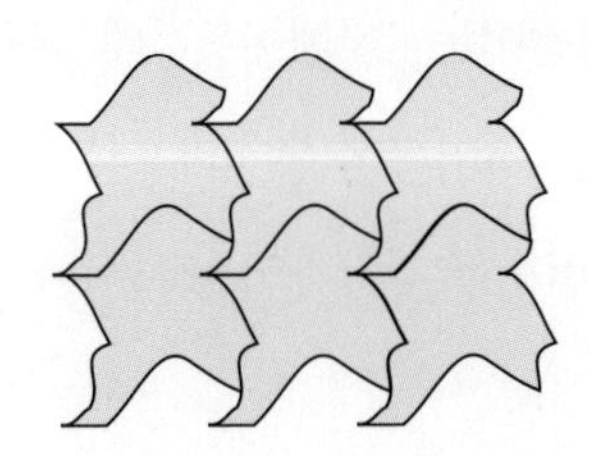

그림 11

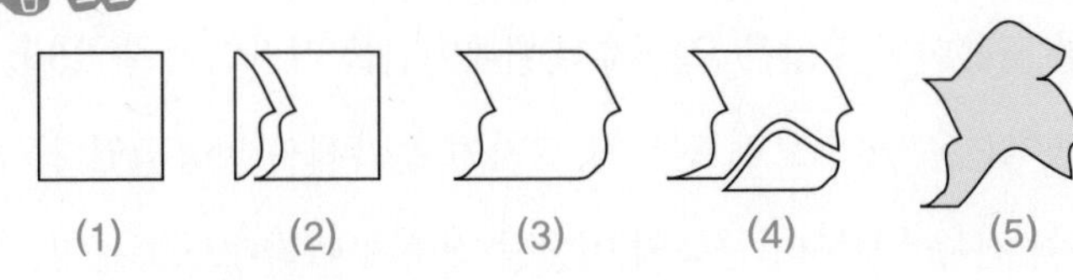

(1) 정사각형을 그린다.

(2) 정사각형의 한 변(왼쪽)을 원하는 모양으로 잘라낸다.

(3) 잘라낸 부분을 반대쪽(오른쪽) 변에 붙인다.

(4) (2)와 같은 방법으로 밑변을 적당한 모양으로 잘라낸다.

(5) (4)에서 잘라낸 모양을 반대쪽(윗쪽) 변에 붙인다.

(6) 적당한 색이나 무늬를 넣어 테셀레이션을 만든다.

테셀레이션 속의 수학 원리

이처럼 정다각형의 변형으로 테셀레이션이 가능한 수학 원리는 무엇일까? 여기에서 핵심은 도형의 이동이다. 도형의 이동에는 크게 세 종류가 있다. 이것을 조금 더 수학적인 용어로 표현하면 '변환'이라고 하는데, 3가지 변환은 회전이동, 평행이동, 대칭이동이다. 그리고 여기에 덧붙여 평행이동과 대칭이동을 동시에 하는 '글라이드glide 대칭이동'도 많이 사용된다. 〈그림 12〉는 각각의 변환이 어떻게 이루어지는지 보여 주고 있다.

이 4가지 도형의 이동, 즉 변환을 거치면 다양한 도형을 만들 수 있고, 이를 활용하면 수많은 모양의 테셀레이션을 디자인할 수 있다.

테셀레이션은 이미 오래 전부터 디자인 분야에서 활용되었다. 스페인의 무어 건축에서부터 중동의 이슬람 건축과 아라베스크 문양, 동양의 옷감이나 문창호의 문양에 이르기까지, 우리의 삶 깊숙이 스며들어 있다. 사실 테셀레이션뿐만 아니고 초등학교에서 배우는 더하고 빼고 곱하고 나누는 셈에서부터, 고등 과정에 있는 미분·적분에 이르기까지 수학의 활용도는 그 깊이와 넓이를 헤아릴 수 없을 정도로 다양하다.

그림 12

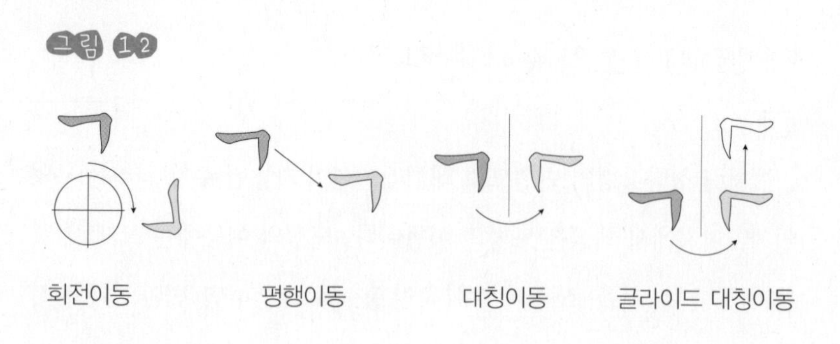

판화로 테셀레이션을 구현한 화가, 에셔

환경이 인간에게 미치는 영향은 실로 대단한 듯하다. 여러 분야에서 뛰어난 재능을 보인 사람들에 관한 책을 읽으면 정말로 그런 것 같다. 에셔Maurits Cornelis Escher, 1898~1972년가 건축물에 관심을 보이고 그것을 판화작품으로 표현하게 된 것도 그가 자란 환경과 무관하지 않다.

그는 1898년 네덜란드에서 토목기사의 막내아들로 태어났다. 그리고 고등학교 시절 미술 선생님의 영향을 받아 그래픽 아트에 관심을 가졌는데, 대학에 들어갈 때에는 건축을 선택했다. 하지만 그의 작품을 본 담당교수의 권유로 본격적으로 그래픽 아트에 전념하게 된다.

1922년 학교를 졸업한 그는 이탈리아로 가서 시골마을, 산마을 등 곳곳을 다니며 기념비적인 옛 건축물들을 스케치해서 판화로 만들기 시작했고, 1924년에는 로마에 정착했다. 그러던 중 1926년 스페인 남부의 그라나다에서 무어 왕들의 옛 궁전 알람브라를 본 뒤부터는 궁전의 벽과 마루를 장식한 타일의 모자이크에 빠져들었다. 이슬람교는 공공건물에서 조형 미술을 금지했기 때문에 타일 장식의 무늬아라베스크는 모두 추상적인 것이었다. 그러나 에셔는 거기에서 모자이크를 이용한 조형 미술의 무한한 잠재력을 발견했다.

그 후 그는 무솔리니의 독재를 견디지 못해 가족과 함께 이탈리아를 떠나, 스위스와 벨기에를 거쳐 1941년 네덜란드로 돌아가서 뿌리를 내렸다. 이즈음 그의 작품에 급격한 변화가 일어났다. 대부분의 작품이 그의 눈으로 관찰한 것이 아니라 마음의 눈으로 얻은 영감을 그려 놓은 것들이기 때문이다.

1936년의 4월에서 6월까지 이탈리아와 프랑스 해변을 따라 스페인까지의 바다여행을 떠난 그는 알람브라를 두 번째 방문한다. 그리고 코르도바Cordoba의 모스크이슬람 사원에도 들른다. 이후 그의 작품에서는 모스크에서 보는 것과 같은 아라베스크 양식을 느낄 수 있다. 그리고 이슬람 사원의 벽면을 장식한 아라베스크 양식을 정신적 형상으로 바꾸는 전환점을 마련한다.

연속무늬에 의한 에셔의 작품들은 바로 여기에서 시작되었다. 그리고 생을 마감할 때까지 그는 평면의 규칙적인 분할에 열중하였다.

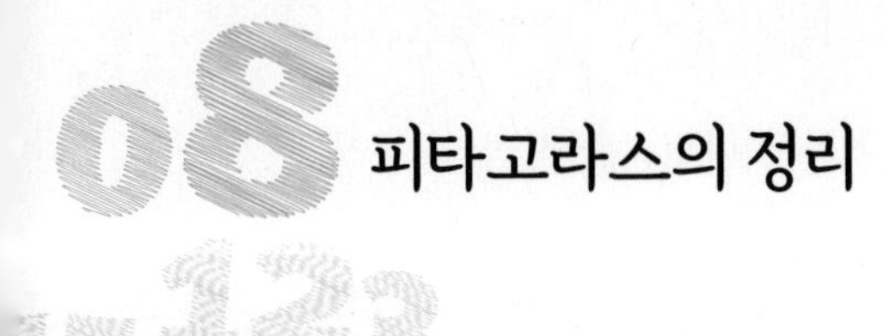

피타고라스의 정리

수학을 좋아하지 않는 사람도 대부분 알고 있는 '피타고라스의 정리'는 기하학에서 기본이 되는 정리이다. 그만큼 다양한 곳에 많은 방식으로 사용된다. 우리가 이번 장에서 알아보려는 것은 바로 이 '피타고라스의 정리'이다.

우선 피타고라스의 정리가 무엇인지 알아보자. 기원전 3000년 경에 저술되어 2000년 넘게 유럽에서 원본 그대로 수학 교과서로 활용된 유클리드의 ≪기하학원론≫그냥 ≪원론≫이라고도 한다에는 피타고라스의 정리를 다음과 같이 표현한다.

- 직각 삼각형에서 빗변을 한 변으로 하는 정사각형의 넓이는, 다른 두 변을 각각 한 변으로 하는 정사각형의 넓이의 합과 같다.

하지만 현재 우리나라 교육과정에서는 피타고라스 정리와 그 역을 다음과 같이 기호화한 대수代數 형태로 나타낸다.

- 직각삼각형에서 직각을 사이에 낀 변의 길이를 a, b, 빗변의 길이를 c라고 하면, $a^2+b^2=c^2$이 성립한다. : **피타고라스 정리**

- 세 변의 길이가 각각 a, b, c인 삼각형에 대해, $a^2+b^2=c^2$이 성립하면, 그것은 길이가 c인 변의 대각이 직각인 직각삼각형이다.
: **피타고라스 정리의 역**

피타고라스기원전 580~기원전 500년는 바닥에 깔린 타일을 보고 이 정리에 대한 힌트를 얻었다고 한다. 그리고 "이 정리를 증명하는 데 성공했을 때, 너무 기뻐 황소 100마리를 신에게 바쳤다"고도 전해온다.

하지만 이 정리로 인해 곤란한 일을 겪기도 했다. 피타고라스는 모든 사물을 수의 규칙에 결부시켜 설명했다. 음악까지 수로 설명했다. 물론 여기에서 수는 정수이고, 정수에서 벗어나는 것은 있을 수 없다고 믿었다. 그도 그럴 것이 그 당시는 무리수*라는 개념이 생겨나기 이전이었고, 피타고라스의 수에 대한 확신은 종교적인 믿음에 가까웠기 때문이다. 그런데 제자 한 명이 문제를 제기한다.

"직각삼각형에서 직각을 낀 두 변의 길이가 각각 1cm일 때 빗변의 길이는 얼마입니까?”

수의 완벽함을 종교적인 믿음으로 확신했던 피타고라스는 실로 난감하지 않을 수 없었다. 직각을 낀 두 변의 길이가 1cm일 때 빗변의 길이는 정수로는 설명되지 않았기 때문이다. 결국 피타고라스는 이 문제를 절대로 입 밖으로 내지 말라는 명령을 내렸다고 한다.

여담이지만, 이 문제를 제기한 제자는 히파소스인데, 그의 죽음을 둘러싸고 전해오는 이야기가 심상찮다. 그는 우물에 빠져 죽었는데, 이 문제와 연관되어 살해되었다는 것이다. 진위는 알 수 없지만, 여기에서 우리는 피타고라스와 그를 따르는 무리가 얼마나 수, 다시 말해 정수에 집착했는지 짐작할 수 있다.

* **무리수** 실수이면서 분수의 형태로 나타낼 수 없는 수를 말한다. 반면 분수 형태로 나타낼 수 있는 수는 ‘유리수’라고 한다. 수의 종류와 관계는 다음 표와 같다.

- 실수
  - 유리수
    - 정수
      - 양의 정수 (자연수)
      - 0
      - 음의 정수
    - 정수가 아닌 유리수
  - 무리수

정리의 활용

피타고라스의 믿음에 상처를 내고 어쩌면 히파소스의 죽음과도 연관이 있을 그 문제는 간단하다. 〈그림 1-1〉을 보자. 직각이등변삼각형 ABC가 있다. 여기서 직각을 사이에 둔 두 변의 길이를 1로 한다. 즉 $AC=BC=1$이다. 이때 $AB=x$로 하면 피타고라스 정리에 의해 다음과 같이 쓴다.

- $x^2=1^2+1^2=2,\ x=\sqrt{2}$

따라서 $AB=\sqrt{2}$를 얻을 수 있다.

피타고라스 정리를 이용하면 직각이 아닌 두 각이 각각 60°와 30°인 직각삼각형 ABC의 변의 길이도 구할 수 있다. 〈그림 1-2〉를 보자. $BC=1$로 하면, 삼각형 ABC를 대칭이동해서 얻는 삼각형과 삼각형

그림 1

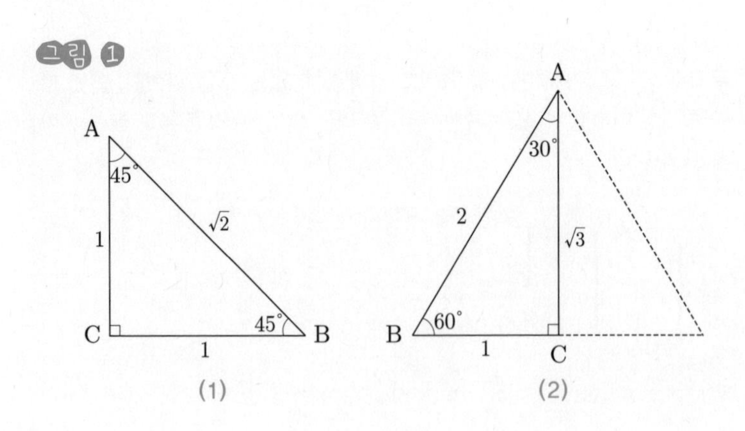

ABC를 합치면 정삼각형이 되기 때문에 $AB=2$이다. 이때 $AC=y$라 하면, 역시 피타고라스의 정리에 의해 다음과 같이 y값을 얻을 수 있다.

- $2^2=1^2+y^2$, $y=\sqrt{3}$

$\sqrt{2}$의 값

$\sqrt{2}$를 발견한 피타고라스는 이것을 수[무리수]가 아니라, 〈그림 1-1〉에서처럼 AB의 길이를 나타내는 양[무리양]으로 취급했다. 그것은 빗변의 길이를 다른 변의 길이로 정확하게 잴 수 없다는 것을 의미한다. 아무튼 이것은 피타고라스학파에게 커다란 충격을 안겨주었다.

그렇다면 $\sqrt{2}$의 값은 어떻게 될까? 이 값을 구하는 몇 가지 방법이 있는데, 결론적으로 말해 1.4142135623……이다. 그런데 놀랍게도 피타고라스가 살던 시대보다 훨씬 앞선 시대, 그러니까 고대 그리스보다 약 1200년 전에 만들어진 바빌로니아 점토판[yale Babylonian Collection No. 7289]에 의하면, 바빌로니아 사람들은 이미 $\sqrt{2}$의 근사치를 알았다. 거기에 새겨진 것은 삼각형이 아니라 정사각형과 대각선이고 60진법에 의한 설형문자이지만, 이것을 10진법으로 바꾸면 〈그림 2〉와 같다.

여기에서 변의 길이는 30이고, 아래 숫자는 그 대각선의 길이를 나타낸 것이다. 그 값은 "변의 길이 30에, 위쪽에 쓰인 숫자를 곱한 것과 같

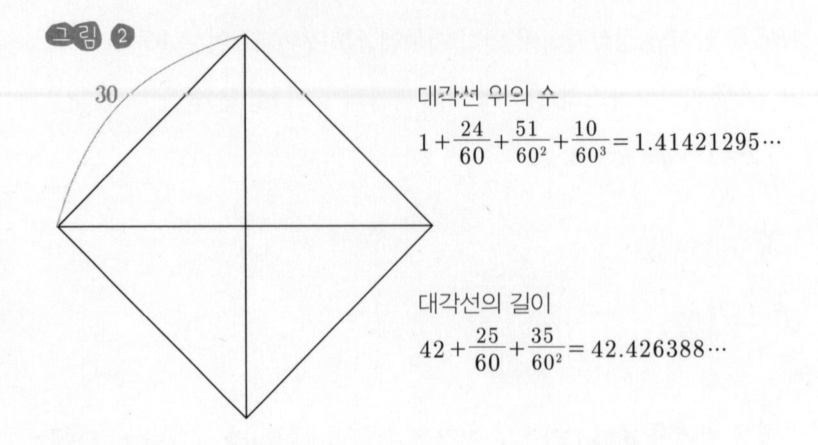

다." 위쪽에 적힌 다음의 값은 지금의 $\sqrt{2}$의 값과 거의 같다.

$$1+\frac{24}{60}+\frac{51}{60^2}+\frac{10}{60^3}=1.41421295\cdots$$

이것은 바빌로니아에서 $\sqrt{2}$를 수로, 그러니까 무리수로 취급하였음을 나타내는 것이다.

더욱 놀라운 일은, 또 다른 바빌로니아의 점토판에는 잘못된 쌍도 몇 개 있긴 하지만, 피타고라스 정리가 성립하는 세 수의 쌍이 15쌍이나 새겨져 있다는 것이다. 〈표 1〉은 잘못된 값들을 바르게 고치고 10진법으로 바꿔 나타낸 것이다.

〈표 1〉에서 보는 것처럼 점토판에는 상당히 큰 수까지 나타나 있다. 이것으로 보아 바빌로니아 사람들은 이미 일반적인 피타고라스 정리를 알고 있었으리라고 추측된다. 이런 수들의 쌍을 우연히 손에 넣었다고

표 ❶ 바빌로니아 점토판에 새겨진 숫자 쌍 ($b^2+l^2=d^2$)

No.	b	d	l
1	119	169	120
2	3367	4825	3456
3	4601	6649	4800
4	12709	18541	13500
5	65	97	72
6	319	481	360
7	2291	3541	2700
8	799	1249	960
9	481	769	600
10	4961	8161	6480
11	45	75	60
12	1679	2929	2400
13	161	289	240
14	1771	3229	2700
15	56	106	90

생각하기는 어렵다. 게다가 10진법으로 바꾸고 나서 알았지만, l 란은 2번째, 5번째를 제외하면 모두 10의 배수이다.

이것은 무엇을 의미하는 것일까? 그들에게 이들 수의 쌍은 어떤 의미가 있었던 걸까? 아쉽게도 현재로서는 당시에 이 표를 무슨 용도로 사용했는지 알지 못한다.

구고현 정리

중국 사람들도 오래 전부터 피타고라스의 정리에 대해 알고 있었다. 기원전 100년 무렵에 편찬된 것으로 알려진, 중국을 대표하는 수학서 ≪구장산술≫의 마지막 장인 제9장 〈구고장〉句股章에는 다음과 같은 유명한 문장이 실려 있다.

"구와 고를 각각 제곱하고 합해서 제곱근 풀이하면 현이다."

여기에서 구句는 직각삼각형의 직각을 사이에 낀 짧은 변, 고股는 긴 변을 의미한다. 그리고 현弦은 빗변을 가리킨다. 그러니까 제9장 〈구고장〉은 피타고라스 정리를 응용하는 내용이다.

우리나라에서도 신라시대에 이미 이 정리를 사용했다. 당시 신라에서는 천문관 교육의 기본 교재로 중국의 수학서 ≪주비산경≫을 사용했는데, 그 책의 제1편을 보면, "구를 3, 고를 4라고 할 때, 현은 5가 된다"는 글이 있다.

그런데 왜 하필이면 구를 3, 고를 4, 현을 5로 했을까? 이것은 옛날 우리나라 수학의 기본 도형이었던 원과 사각형에 대한 옛날 사람들의 생각과 관련이 있다. 당시 사람들은 하늘은 둥글다고 생각했고, 그 둘레를 3으로 보았다. 또 땅은 네모지다고 생각했으며, 그 둘레는 4로 생각했다. 그 다음 수 5는 3과 4를 구고현 정리에 맞추어 나온 수로 빗변을 의미한다.

아무튼 ≪주비산경≫에서는 구^2+고^2=현^{2}을 '구고현 정리'라고 부르는데, 이는 '밑변이 3, 높이가 4인 직각삼각형의 빗변 길이는 5가 된다' ($3^2+4^2=5^2$)는 피타고라스 정리와 같다. 그러나 ≪주비산경≫에서는 이 정리를 증명하지는 않는다. 다만 구고현 정리의 내용과 증명을 모두 나타내는 그림 한 장이 실려 있을 뿐이다. 동양의 수학책은 대부분 이런 식이다. 논리보다는 직관을 사용해 사실을 통찰하는 경우가 많았기에, 당시에는 그 한 장의 그림으로도 충분했던 것이다.

구고현 정리는 토지를 측량하거나 다리를 놓는 대공사에 사용되었으며, 건축물에도 이용되었다. 직접 줄이나 자로 재지 못하는 거리를 구해야 할 경우에 구고현의 정리가 아주 유용하게 쓰였을 것이다.

피타고라스의 수

우리가 앞서 살펴본 바빌로니아 점토판에서 나온 〈표 1〉의 수들이나, ≪주비산경≫의 3, 4, 5도 모두 정수이다. 그리고 이처럼 다음 방정식 (1)을 만족하는 정수 x, y, z의 쌍을 '피타고라스의 수'라고 부른다.

$$x^2+y^2=z^2 \quad : (1)$$

그럼 이제 두 가지 질문이 떠오른다. 첫째, 피타고라스의 수를 구하는 방법은 무엇인가? 둘째, 피타고라스의 수는 얼마나 많은가?

첫 번째 질문에 대해 피타고라스가 내놓은 답을 정리하면, '임의의 양의 정수 n에 대해' 다음 형태의 수들의 쌍은 모두 피타고라스의 수이다.

$(2n+1,\ 2n^2+2n,\ 2n^2+2n+1)$: (2)

이것은 두 번째 질문의 답이 되기도 한다. (2)에 의해 얼마든지 많은 피타고라스의 수를 만들 수 있기 때문이다.

피타고라스의 수에 대한 관심은 이후에도 높았다. 고대 그리스의 철학자 플라톤기원전 427~기원전 347은 이것을 (3)으로, 그리스의 수학자 디오판토스246년경~330년경는 (4)로 나타냈다.

$(2n,\ n^2-1,\ n^2+1)$: (3)

$(2mn,\ m^2-n^2,\ m^2+n^2)$
여기에서 m, n은 서로소인 정수($m>n$)이다. } : (4)

(2), (3), (4)가 피타고라스의 수인지 확인하는 방법은 간단하다. 이 수들을 (1)식에 대입해 계산해 보면 된다. x, y, z가 모두 양수인 경우는 모두 다음과 같은 형태로 얻을 수 있다.

• $x=2pqt,\ y=t(p^2-q^2),\ z=t(p^2+q^2)$

여기에서 t는 양의 정수, p, q는 서로소인 양의 정수이다.

피타고라스 정리의 증명

자, 이제 피타고라스의 정리를 증명해 보자. 현재 중학교 교과서에서는 〈그림 3〉을 이용해 증명하고 있다. 이 그림에서 나타난 도형의 넓이 사이의 관계, 즉 $(a+b)$를 한 변으로 하는 정사각형의 넓이에서 밑변이 a이고 높이가 b인 삼각형 4개의 넓이를 빼보면 쉽게 증명된다.

$$(a+b)(a+b)-4ab\frac{1}{2}=c^2$$

$$a^2+2ab+b^2-2ab=c^2 \qquad \therefore a^2+b^2=c^2$$

한편 유클리드의 ≪기하학원론≫에서는 〈그림 4〉와 같이 증명한다. 이제 우리는 이 방법을 살펴볼 것이다.

우선 두 변의 길이와 그 끼인각이 같은 두 삼각형은 합동이라는 사실을 기억하면서 〈그림 4〉를 보자. $\triangle ABH$와 $\triangle GBC$는 합동이고, 그 면

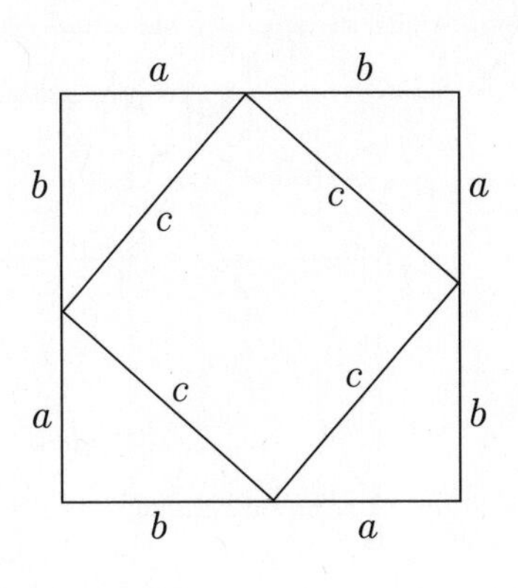

적을 S라 하면 다음과 같은 식으로 나타낼 수 있다.

- $S=BH\cdot BC\cdot \frac{1}{2}=BG\cdot BK\cdot \frac{1}{2}$

따라서 색칠된 사각형 $GBKJ$의 면적($=BG\cdot BK=2S$)과 정사각형 $BCIH$의 면적($=BH\cdot BC=2S$)은 같다.

이제 점무늬 부분의 면적을 살펴보자. $\triangle ACF$와 $\triangle AEB$ 역시 합동이고, 그렇다면 색칠된 부분과 마찬가지로 점무늬가 그려진 두 사각형의 넓이도 같다는 것을 알 수 있다.

이로써 $a^2+b^2=c^2$은 증명된다.

그림 4

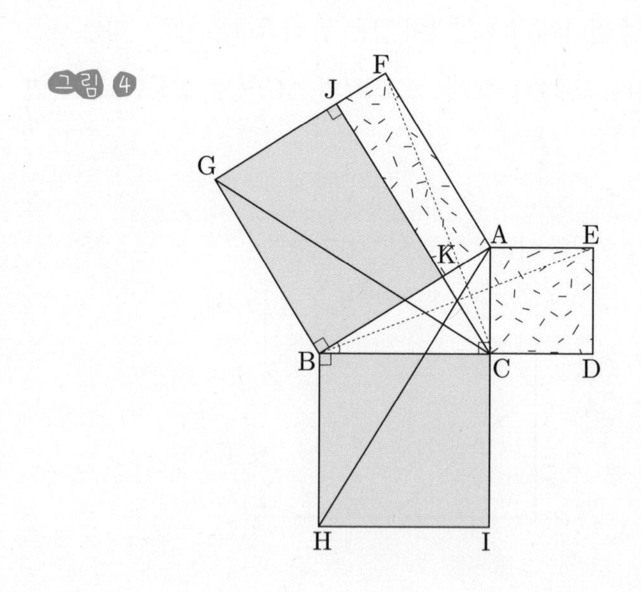

종교단체와 같은
학파를
이끈

피타고라스

피타고라스Pythagoras, 기원전 580?~BC 500?년는 태어난 날과 죽은 날이 정확히 알려져 있지 않다. 또 직접 쓴 책 한 권 남지 않았다. 제자들의 책에 그의 이론이 담겨 있을 뿐이다. 그 때문인지 그에 대한 이야기에는 기이한 것들이 많다. 18세에는 권투로 올림픽 경기에 참가해서 우승했으며, 그 후 이오니아로 가서 탈레스와 아낙시만드로스의 문하생이 되었다. 그런 뒤에는 시리아에서 비블로스 비교祕敎에 입문하고 지금의 레바논 지역에 있던 카르멜산으로 들어갔다. 그러고는 이집트로 건너가 20여 년을 지냈는데, 당시 이집트를 침략한 페르시아의 포로가 되어 바빌로니아로 끌려갔고, 거기서 12년 동안 바빌로니아의 점성술사들과 서기들로부터 많은 양의 지식을 전수받았다. 그리고 40년 만에 고향인 사모스섬으로 돌아갔다.

하지만 정치적 압제를 견디지 못하고 이탈리아의 크로톤으로 가 정착했다. 그리고 그곳에서 자신의 학파를 창설하기에 이른다. 이렇게 만들어진 피타고라스 학파는 그후 약 150년 동안 명맥을 유지하였으며 히포크라테스, 테오도루스, 필로라오스 등 수없이 많은 학자들을 배출하였다.

'가장 현명하고 용감한 그리스인'이라는 존칭으로 불린 피타고라스는 흰 가운에 별 모양의 5각형을 새긴 황금관을 쓰고 학생들 앞에 섰다고 한다. 하지만 피타고라스 학파의 수업 내용은 철저히 비밀에 부쳐졌다. 수업 내용은 간혹 글로 쓰인 경우도 있긴 했지만 대부분 입에서 입으로만 전달되었다. 또 이 모든 것은 두 가지로 나뉘어 관리되었는데, 일반인들을 위한 것과 비법을 전수받은 정식 수학자들만을 위한 것으로 만들어졌다. 예를 들어 이론을 들을 수는 있지만 그 이론에 이르는 과정에 대한 설명[증명]은 전달받지 못하는 청강자와, 증명까지 모두 배울 수 있는 정식 수학자들로 구분되었다는 말이다.

피타고라스의 정식 제자가 되기 위해서는 전 재산을 맡겨야 했다. 뿐만 아니라 간소한 생활과 엄격한 교리, 극기, 절제, 순결, 순종을 미덕으로 강요하는 단체생활을 하였다고 한다. 이처럼 비밀에 싸인 까닭에 누가 어떤 발견을 하였는지 정확히 알 수는 없고, 발견은 모두 피타고라스가 한 것으로 되어 있다.

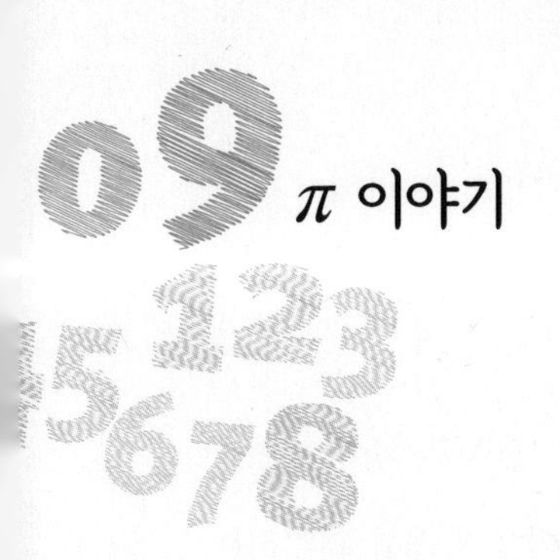

π 이야기

다른 도형과 달리 원은 둘레와 넓이를 구할 때 특별히 필요한 값이 있다. 바로 π이다. '파이'라고 읽고 원주율圓周率이라고 번역하는 π는, '원 둘레와 지름의 비'를 나타낸다. 우리는 반지름 r과 이 π를 이용해 원 둘레($2\pi r$)나 넓이(πr^2)를 구한다는 것을 알고 있다.

이 공식들을 이용하면 원의 둘레나 넓이를 계산하는 일은 간단하다. 그리고 이 공식을 잘 살펴보면 몇 가지 사실을 알게 된다.

① 원둘레의 길이는 지름(또는 반지름)에 비례한다.

② 원의 넓이는 반지름의 제곱에 비례한다.

③ 비례상수는 주로 π(원주율)이다.

반지름이 r인 원의 둘레를 l, 넓이를 S라 하면 ①, ②에 의해서 다음과 같이 쓸 수 있다.

• $l=2r \cdot k_1$, $S=r^2 \cdot k_2$

여기에서 k_1, k_2는 각각 비례상수이다. 그리고 ③은 $k_1=k_2=\pi$임을 알려준다. 원주율에 π를 사용하는 것은, 그리스어로 둘레를 의미하는 단어의 첫글자가 π이기 때문이다.

문자 π를 사용하기까지

역사적으로는 π라는 문자를 처음 사용한 사람은 영국의 수학자 오트레드[1574~1660년]이지만, 그가 사용한 π는 원주율이 아니라 원둘레의 의미였다. π를 원주율의 의미로 처음 사용한 것은 영국의 수학자 윌리엄 존스[1675~1749년]이다.

대수학자 오일러[1707~1783년]의 경우, 처음에는 p나 c를 사용했으며 1737년에 3,14159……를 π로 나타냈다. 또 1794년에는 프랑스의 대수학자 르장드르[1752~1833년]도 원주율을 나타내는 데 π를 이용했다. 이때부터 원주율=π가 정착된 것으로 보인다.

π는 그리스어의 '둘레'를 의미하는 περιφερεια[페리페레이어]의 첫글자이다. 이 말은 영어의 Periphery[둘레, 바깥쪽 가장자리]에도 남아 있다. 한편 영어로

원주라고 하면 circle이다. 이 단어는 프랑스어 circulus에서 온 것이다. 오일러가 처음에 p나 c를 사용한 것은 이 때문이었다.

π의 값

우리는 π의 값으로 편의상 근사치, 3.14를 사용한다. 예전에는 어땠을까? 또 π값은 어떤 과정을 거쳐 나온 것일까?

기원전 1700년경에 만들어진 바빌로니아 점토판에 π값에 대한 언급이 있다. 거기에는 π값이 다음과 같이 나타나 있다.

$$\pi \fallingdotseq 3+\frac{7}{60}+\frac{30}{3600}=3+\frac{1}{8}=3.125$$

비슷한 시기 고대 이집트에서 만들어진, 세계에서 가장 오래된 수학서 아메스의 ≪린드 파피루스≫에는 $\pi \fallingdotseq 3.1604$로 되어 있다.

또 ≪구약성서≫기원전 550년경에는 당시 사람들이 π값을 3으로 생각한 내용이 있다. 〈열왕기상〉편 7장 23절의 '솔로몬 궁'에 대한 묘사에서 다음과 같은 내용이 나온다.

"그 다음 그는 바다 모형을 둥글게 만들었다. 한 가장자리에서 다른 가장자리까지 직경이 10척, 높이가 5척, 둘레가 30척 되었다."

또 기원전 3세기에 아르키메데스는 원에 내접하는 정다각형과 외접

그림 ❶ 아르키메데스가 π값을 구한 방법

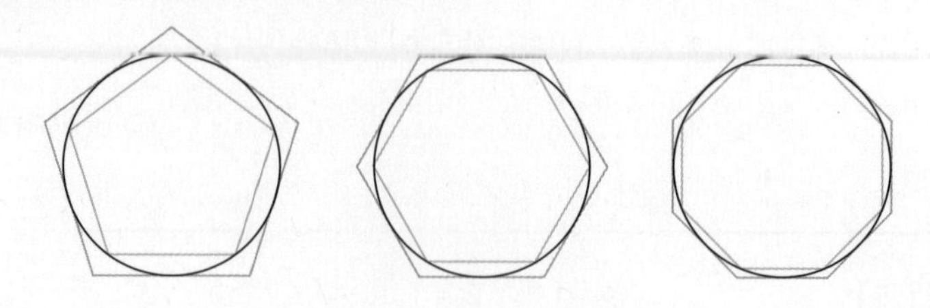

하는 정다각형의 둘레를 이용해서 π값에 접근했다.

• 내접 정n각형의 둘레의 길이 $<$ r $<$ 외접 정n각형의 둘레의 길이

아르키메데스는 96각형까지 계산했고, 그렇게 얻은 π값은 다음과 같다.

$3.1408\cdots\cdots < \pi < 3.1428\cdots\cdots$

그리고 그로부터 400여 년이 흐른 150년경에는 프톨레마이오스가 $\pi \fallingdotseq 3.14166$으로 계산했다.

한편 중국에서는 기원전 100년경에 만들어진 것으로 추측되는 수학서 ≪구장산술≫에 π가 3으로 기록되어 있다. 또 후한의 학자인 장형은 3.1623을, 왕빈은 3.1555를 사용하였고, 480년경에는 남송의 학자였던 조충지祖沖之가 다음과 같은 값을 얻었다.

$3.1415926 < \pi < 3.1415927$

이 값은 다음 식에서 나온 것으로, 이것과 유사한 분수가 유럽에서 발견된 것은 16세기경이었다.

$$\frac{355}{113} < \pi < \frac{22}{7}$$

황금비율 이야기에 등장한 피보나치는 π의 값을 $\pi \fallingdotseq 3.141818$로 구했고, 인도에서도 기원전에 $\pi \fallingdotseq \sqrt{10}$ 조충지의 오른쪽 값이 이용되었다.

- $\pi = \sqrt{10}$, $\pi^2 = 10$

π값에 대한 이야기는 현대에 이르러서도 계속되지만, 끝이 없기 때문에 대략 3단계로 요약하면 다음과 같다.

- 1665년 뉴턴, 16자리
- 1794년 베가, 104자리
- 1967년 컴퓨터 CDC6600, 50만 자리

하지만 일반적으로 π값은 $\pi = 3.14159265\cdots\cdots$정도만 알고 있어도 충분하며, 이 정도는 외워 두는 것이 좋다. 영어권 나라에서는 π값을 다음과 같은 문장에 대입시켜 외운다고 한다. 즉 각 단어의 알파벳 수를 이용하는 것이다.

Yes, I know a number.

3 1 4 1 6

또 하나 재미있는 사실은 미국의 샌프란시스코에서 원주율 탄생을 축하하는 행사를 갖는데, 그 행사가 열리는 날짜와 시간이 매년 3월 14일 1시 59분이라는 것이다. 이렇게 날짜와 시간을 조합해서 외우는 것도 좋은 방법이다.

원둘레와 원넓이, 그리고 비례상수

π 이야기를 시작하면서 우리는 다음 세 가지에 대해 이야기했다. 다시 한번 살펴보자.

① 원둘레의 길이는 지름 (또는 반지름)에 비례한다.

② 원의 넓이는 반지름의 제곱에 비례한다.

③ 비례상수는 주로 π(원주율)이다.

우리는 이것에 대해 구체적인 설명을 하지 않아도 알지만, 만약 누군가 자세한 설명을 요구하면 어떨까? 설명할 방법이 쉽게 떠오르지는 않을 것이다. 여기에 대해 초등학교에서는 어떻게 설명하는지 보자.

원둘레의 경우, 몇 개의 원을 예로 들어 설명한다. 실제로 그 원들의 지름과 원둘레를 측정해, '(원의 둘레)÷(지름)'의 값은 어떤 원에 대해서도 일정하다는 것을 알게 한다. 그리고 그 값은 엄밀하지는 않지만 3.14 정도이고, 이것을 사용해 다음식이 성립한다는 것을 설명한다.

• 원의 둘레=3.14×(지름)

이것은 $\pi=3.14$로 사용했을 때, $l=\pi\cdot 2r=2\pi r$과 같은 것이다.

그럼 넓이의 경우는 어떨까? 우선 합동인 원을 2개 준비하고 〈그림 2〉와 같이 각각 16등분한다. 그런 다음에는 원둘레는 연결된 채로 두고 중심 부분만 넓혀 빗 모양의 도형을 만든다. 그리고 두 개를 결합시킨다. 그러면 '직사각형'에 가까운 도형이 만들어진다.

이렇게 만들어진 도형의 윗변과 아랫변은 원호를 연결한 '원호선'이다. 그래서 이 도형을 '원호선 직사각형'이라고 부른다. 그리고 이 도형의 넓이는 원넓이 S의 2배, 즉 $2S$이다. 원을 32등분해서 만든 원호선 직사각형의 넓이 역시 $2S$이다. 물론 더 세분해도, 즉 64등분, 128등분……을 해도 마찬가지다. 그리고 이렇게 세분하면 할수록 원호선 직사각형은 직사각형에 더 가까워진다.

만약 원을 100만 등분하는 것이 가능하다면 그때의 원호선은 거의 일직선일 것이고, 이때 원호선 직사각형은 직사각형으로 간주해도 될 것

그림 2

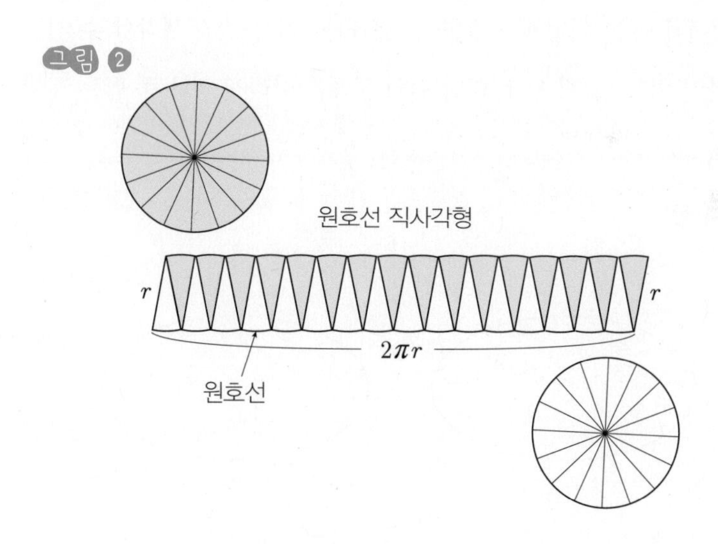

이다. 이처럼 아주 세분하여 만든 원호선 직사각형을 '극한 직사각형'이라 하고, 이때의 넓이 역시 $2S$이다.

따라서 극한 직사각형의 가로 길이는 원주$=2\pi r$, 세로의 길이는 반지름$=r$이므로 다음과 같은 식을 얻을 수 있다.

$2S=2\pi r \times r$

$\therefore S=\pi r^2$

극한 직사각형이라는 개념을 인정하면 ①과 ②, ③이 쉽게 설명된다.

원둘레 재기

그럼 원둘레는 어떻게 측정할 수 있을까? 가장 먼저 생각할 수 있는 간단한 방법은 〈그림 3-1〉처럼 원의 둘레를 따라서 핀을 쭉 꼽는 것이

그림 3

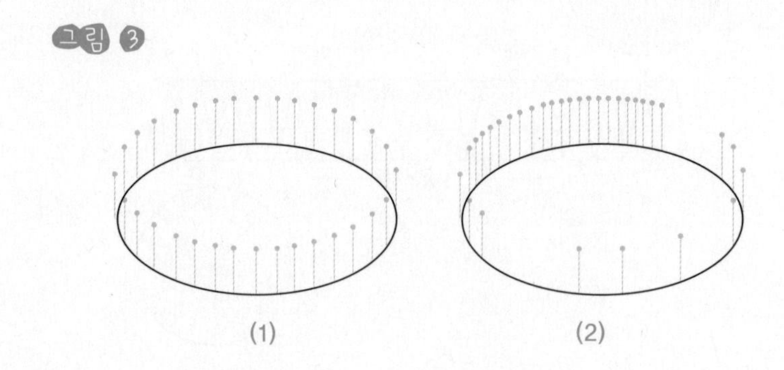

다. 이때 핀의 개수는 많으면 많을수록 좋고, 가능한 한 일정한 간격으로 꼽는 것이 중요하다. 하지만 아무리 많아도 〈그림 3-2〉처럼 한 쪽으로 치우쳐서는 곤란하다. 핀을 꽂았으면 이제 그 주위를 실로 한 바퀴 돌린다. 그 다음은 어떻게 해야 할지 짐작이 갈 것이다. 핀 주위를 한 바퀴 돌린 실의 길이를 측정하면 된다.

차바퀴와 같이 굴러가는 형태의 원이라면 더 간단하다. 줄자를 이용해서 쉽게 잴 수 있다. 또 바퀴의 어느 한 부분에 표시를 하고 일직선상에 굴려 표시된 부분이 한 바퀴 회전하는 데 필요한 거리를 측정할 수도 있다.

그렇다면 지름은 어떻게 측정할까? 물론 중심의 위치를 안다면 간단하다. 중심을 지나는 직선을 그은 후 그 길이를 측정하면 된다. 중심을 모를 때는 어떡하면 좋을까? 이럴 때에는 우선 원의 중심을 찾아야 한다. 그러기 위해서는 〈그림 4〉과 같이 두 개의 현에 수직이등분선을

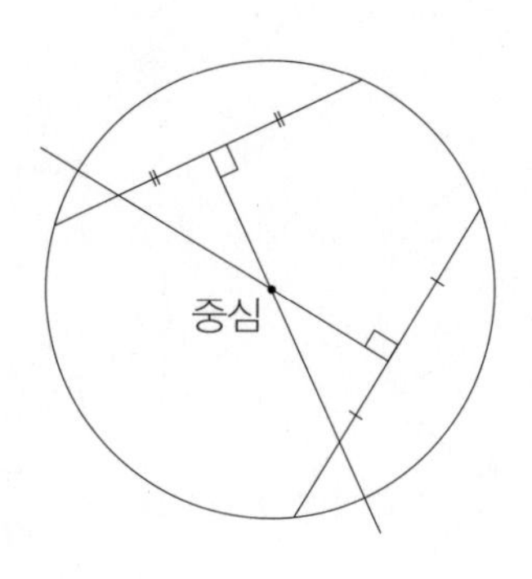

그리면 된다. 이 수직이등분선의 교점이 원의 중심이다. 수직이등분선을 그리는 방법은 이 책 '10. 자와 컴퍼스만으로 그리는 정오각형'을 참고하자(178쪽).

또 자나 삼각자를 이용하면 쉽게 지름을 측정할 수 있다. 〈그림 5-1〉에서 보는 것처럼, 자 AB의 한 쪽 끝 A를 원둘레의 어느 한 점에 고정하고, 자의 다른 한 쪽 끝 B를 움직이면서 현의 길이를 측정하는 것이다. 이때 가장 긴 값이 지름이다.

삼각자를 이용하면 좀 더 정밀하게 지름을 구할 수 있다. 〈그림 5-2〉를 보자. 우선 삼각자의 직각 정점 A를 원둘레 위에 두고 직각을 낀 두 변과 원의 둘레가 만나는 점을 B, C로 한다. 그런 다음 선분 BC의 길이를 측정한다. 그것이 바로 지름이다. 삼각자를 이용하는 방법은 유명한 정의, '지름 위에 세운 원의 둘레각, 즉 원주각은 90°이다'를 응용한 것이다.

그림 5

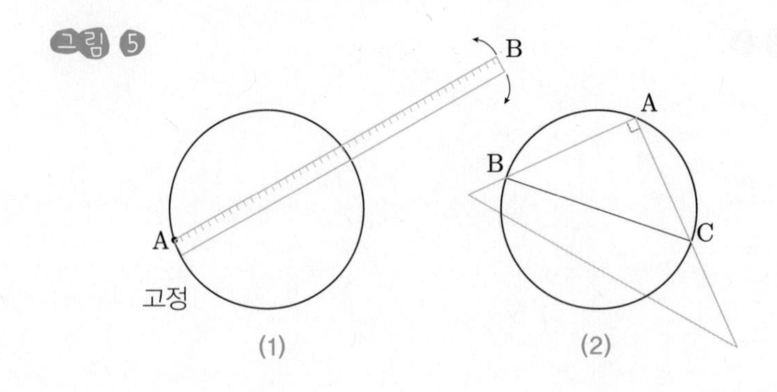

내접 정다각형

지금까지 원둘레와 지름을 측정하는 방법에 대해 알아보았다. 이제 다시 "① 원둘레는 지름(또는 반지름)에 비례한다"를 증명해 보자. 이것을 증명하기 위해 지금부터 우리는 원둘레에 대해 더 자세히 알아보려 한다. 그 방법으로 원의 내접 다각형을 만들어볼 것이다. 앞에서 알아본 원둘레를 측정하는 방법 가운데 하나인 '핀꼽기'는 엄밀하게 말하면 핀을 정점으로 하는 원의 내접 다각형을 만드는 것이었다.

핀의 수를 줄여 몇 개만 일정한 간격으로 꼽아 만든 내접 다각형이 정삼각형이나 정육각형이 되면 그 둘레와 원둘레는 차이가 있다. 그럼 정12각형, 정24각형, ……을 만들면 어떨까? 이것 역시 엄밀하게 말해서 차이가 있다. 하지만 만약 정10만각형, 정100만각형이 되면 그 둘레는 바로 원둘레라고 할 수 있다. 이것은 극한 원호선직사각형과 같은 개념이다. 거기에서 우리는 원호선을 직선으로 간주했다. 하나하나의 원호를 선분으로 보는 것이다.

그럼 지금까지의 내용을 정리해 보자.

- $n=3, 4, 5, \cdots\cdots$이고 반지름이 r인, 원둘레에 내접하는 정n각형의 둘레 길이를 l_n으로 나타낸다. 그때 n이 커질수록 l_n은 일정한 값에 가까워진다. 그 일정한 값을 '반지름이 r인 원둘레'라고 정의한다.

이제 이것을 이용해 l_3, l_4, l_6을 구해 보자. 먼저 l_3부터 시작한다. 〈그림 6〉은 그것을 보여 주는 그림이다.

'08. 피타고라스의 정리'에서 우리는 〈그림 1〉처럼 60°의 각을 가진 직각삼각형에서 빗변의 길이가 1이면 나머지 두 변의 길이는 $\frac{1}{2}$, $\frac{\sqrt{3}}{2}$이라는 것을 알았다. 그럼 그것과 닮은꼴이고 빗변이 r인 직각삼각형이라면 나머지 두 변은 $\frac{1}{2}r$, $\frac{\sqrt{3}}{2}r$이고, l_3은 〈그림 6-2〉에서 보는 것처럼 다음과 같이 구할 수 있다.

$$l_3=\frac{\sqrt{3}}{2}r\times 6=\frac{3}{2}\sqrt{3}\cdot 2r$$

이 식은 어떤 수와 $2r$의 곱의 형태로 정리한 것이다. 둘레와 반지름과의 관계를 알기 위해 이 작업을 하기 때문이다.

다음은 l_4를 구해 보자. 〈그림 7〉을 보면 직각이등변삼각형이 그려져 있는데, 길이가 같은 두 변의 길이를 1이라고 하면 빗변의 길이는 $\sqrt{2}$

그림 6

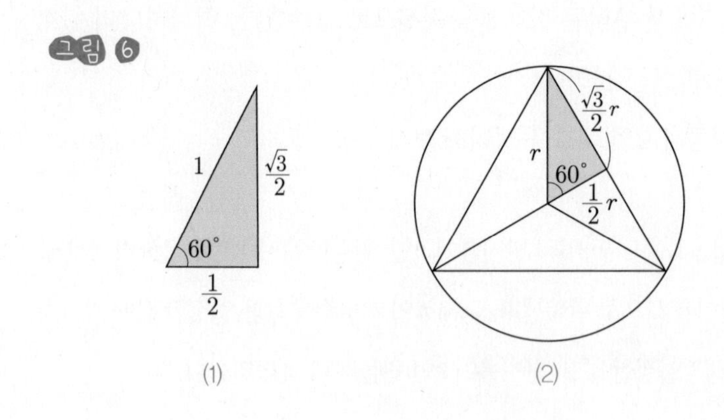

이다. 따라서 빗변의 길이가 1이면 다른 두 변의 길이는 각각 $\frac{1}{\sqrt{2}}$이고 l_4는 다음과 같다.

$$l_4=\frac{1}{\sqrt{2}}r\times8=2\sqrt{2}\cdot2r$$

또 l_6은 〈그림 8〉을 보면 다음과 같이 간단하게 구할 수 있다.

$$l_6=\frac{1}{2}r\times12=3\cdot2r$$

그림 7

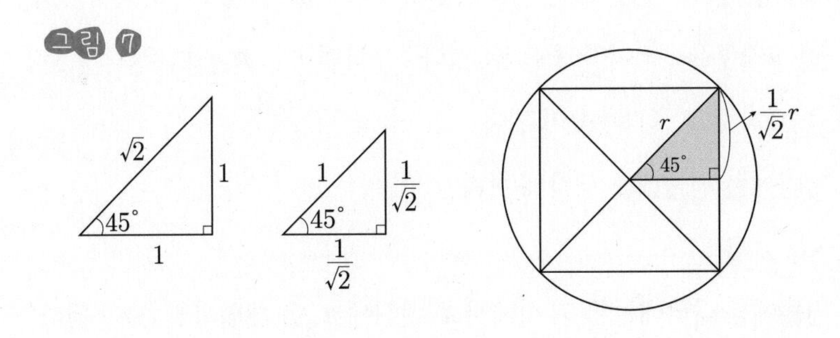

그림 8

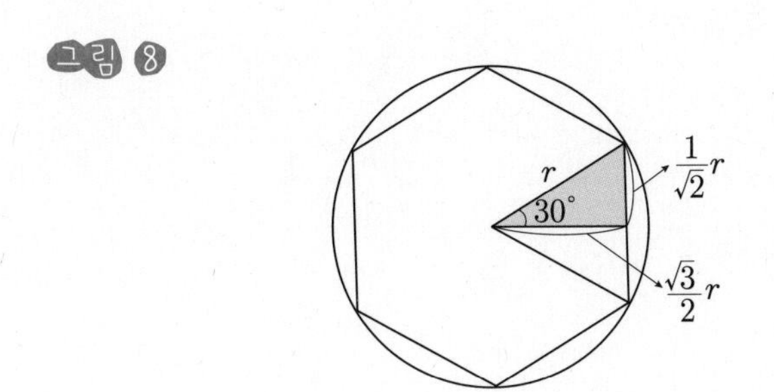

지금까지 우리는 l_3, l_4, l_6을 모두 어떤 수와 $2r$의 곱으로 나타냈다. 이때 어떤 수를 π_n으로 하면 l_n은 다음 형태로 나타낼 수 있다.

$l_n = \pi_n \cdot 2r$: (1)

여기에서 π_3, π_4, π_6 값을 계산하면 다음과 같다.

$\pi_3 = \frac{3}{2}\sqrt{3} = 2.59807621\cdots\cdots$

$\pi_4 = 2\sqrt{2} = 2.828427\cdots\cdots$

$\pi_6 = 3$

n의 값이 무엇이든 l_n은 (1)의 형태로 나타낼 수 있고, 따라서 상수 π_n을 n각주율角周率이라고 할 수 있다. 그러면 π_3, π_4, π_6은 각각 3각주율, 4각주율, 6각주율이 된다.

이번에는 원둘레를 생각해 보자.

• $l = \pi \cdot 2r$

원둘레를 나타내는 위의 식에서 π 대신에 π_n을 대입하면 (1)이 된다. 그렇다면 n이 커지면, n각주율의 값은 어떻게 변할까? 더 구체적으로는, 어떤 값에 가까워질까?

좀 더 쉬운 방법

그런데 이런 식으로 계산을 하다 보면 시간이 매우 많이 걸리고, 상당한 수고를 각오해야 한다. 좀 더 쉬운 방법은 없을까? 〈그림 9〉를 보자.

서로 닮은꼴인 직각삼각형 두 개, ABC와 $A'B'C'$가 있는데, 여기에서 $\angle B = \angle B'$이므로 다음 식이 성립한다.

$$\frac{\overline{AC}}{\overline{AB}} = \frac{\overline{A'C'}}{\overline{A'B'}}$$

다시 말해 $\angle B$가 일정한 경우, 높이에서 빗변을 나눈 값은 직각삼각형 ABC의 크기와 상관없이 일정하다는 말이다. 그래서 이 일정한 값을 표현할 필요가 있고, 이때 사용하는 용어가 sin^사인^이다.

$$\frac{\text{높이}}{\text{빗변}} = \frac{\overline{AC}}{\overline{AB}}$$

정리해 보자. $\angle B$의 크기를 $\alpha°$로 할 때, 그 일정한 값을 $sin\alpha$라고 하고 다음과 같이 나타낸다. 여기에서 sin은 sine의 약자이며, $sin\alpha$는 '사인α'라고 읽는다.

그림 9

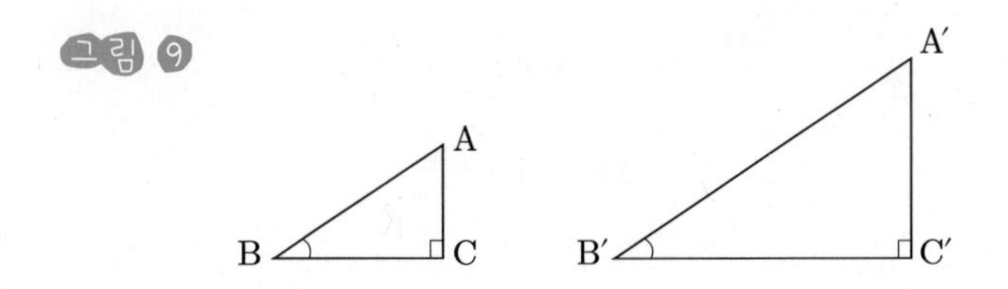

$$\frac{\overline{AC}}{\overline{AB}}=sin\alpha\text{, 즉 }AC=AB\cdot sin\alpha \quad : (2)$$

여기에서 중요한 것은 α알파의 값이다. α의 값이 달라지면 당연히 $sin\alpha$의 값도 달라진다. 또 직각삼각형의 크기와는 상관없이 α값이 같으면 $sin\alpha$의 값도 같다. 따라서 α의 값에 따른 각각의 $sin\alpha$ 값을 구할 수 있으며, 우리는 그 값을 표로 만들어 활용한다. 또 함수를 구할 수 있는 전자계산기를 이용해도 $sin\alpha$의 값을 알 수 있다.

자, 이제 정n각형을 생각해 보자. 〈그림 10〉에는 정n각형을 구성하는 삼각형이 하나 그려져 있고, 삼각형 AOB를 n개 합하면 정n각형이 된다. 그리고 거기 적힌 데이터에 의해 다음과 같이 l_n의 값을 얻을 수 있다.

$$l_n=2n\cdot\overline{AM}$$

$$=2nr\cdot sin\frac{180}{n}=n\cdot sin\frac{180}{n}\cdot 2r$$

그림 10

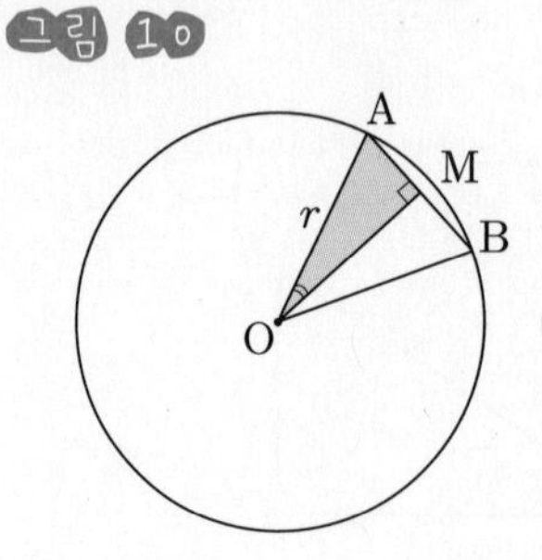

삼각형 AOB를 n개 합하면 정n각형이 된다.

$$\angle AOM=\frac{360}{2n}=\frac{180}{n}$$

$$AM=r\cdot sin\frac{180}{n}$$

따라서 n각주율 π_n은 이렇게 나타낸다.

$$\pi_n = n \cdot sin\frac{180}{n}$$

〈표 1〉에는 n에 따른 π_n 값이 주어져 있는데, n이 커지면 커질수록 π_n의 값은 3.1415926……에 점점 더 가까워진다는 것을 알 수 있다.

표 1

n	π_n
36	3.137606712…
180	3.14143308…
360	3.14155…
10^{10}	3.1415926…
10^{20}	3.1415926…

이제 이야기를 다시 '원주율'로 돌려 정리해 보자.

- n이 점점 커지면 n각주율 π_n은 점점 일정한 값에 가까워지는데, 그 값을 '원주율'이라고 부르며 π로 나타낸다. 이때 원둘레는 $l=\pi \cdot 2r$이다.

앞에서 소개한 아르키메데스나 피보나치의 π값도 96각주율, 즉 π_{96}을 계산해서 알아낸 것이다. 그 값은 다음과 같다.

- $3+\frac{10}{71}$

알몸으로 거리를 내달린 수학자

아르키메데스

"유레카!"

고대 그리스의 수학자이자 물리학자인 아르키메데스 Archimedes, 기원전 287~기원전 212년가 한 이 말은, 그리스 사람이 아니어도 한번쯤은 들어 보았을 것이다. '내가 발견했다'는 뜻인데, 뭔가 좋은 아이디어가 떠올랐을 때, 새로운 사실을 발견했을 때, 지금도 사용하는 말이다. 이 말이 유명해진 까닭은 아르키메데스가 발견의 기쁨에 빠져 벌거벗은 몸으로 거리를 내달리며 외쳤다는 일화가 전해지기 때문이다.

당시 아르키메데스는 자신을 아끼고 후원하던 히에론 왕이 의뢰한 문제로 고민중이었다. 왕이 의뢰한 문제는 새로 만든 왕관이 순금으로 만들어졌는지 다른 물질이 섞였는지 알아봐 달라는 것이었다. 왕은 금세공인에게 금을 주고 왕관을 만들게 했는데, 완성된 왕관을 보자 금세공인이 금을 빼돌리고 다른 물질을 섞어 왕관을 만들지 않았을까 하는 의심이 들었다. 그래서 아르키메데스는 왕관이 순금으로 만들어졌는지 다른 물질이 섞였는지 알아낼 방법에 대해 고민하기 시작했다.

하지만 방법이 쉽게 떠오르지 않았다. 아르키메데스는 공중목욕탕에 가서도 오로지 그 생각뿐이었다. 그가 목욕탕에 몸을 담그자 물이 넘쳤다. 그 순간 '부력의 원리'정수역학의 제1법칙가 섬광처럼 번뜩 떠올랐고, 너무나 기쁜 나머지 그는 '가장 빠른 방법으로' 왕관이 있는 자신의 집으로 돌아왔다. 옷을 입는 시간도 아까웠던 것이다.

그 날 아르키메데스가 발견한 부력의 원리는, 어떤 물체가 액체에 잠기면 그 물체의 무게는 그것이 밀어낸 액체의 무게와 똑같은 힘으로 떠오른다는 것이다. 집으로 돌아온 그는 저울의 한쪽 접시 위에 왕관을 놓고 또 다른 접시 위에는 똑같은 무게의 금을 올린 다음, 이것을 그대로 물속으로 집어넣었다. 그러자 왕관을 담은 접시가 위로 떠올랐고, 이것으로 왕관 속에 금보다 밀도가 낮은 다른 물질이 들어 있다는 것을 알게 되었다.

아르키메데스가 발견한 것은 이뿐만이 아니다. 한 원에 내접 · 외접하는 정다각형의 변의 길이를 재어 원주율을 소수 다섯째 자리까지 구하였으며, 평면도형에 대한 연구, 구와 원기둥에 대한 연구 등 도형에 대한 많은 연구를 했다.

로마 군사가 다가오는 것도 모르고 도형에 대한 연구에 빠져 있다가 죽음을 맞았다는 일화 역시 유명하다. 또 그는 평소에 자신이 죽으면 묘비에 원기둥에 내접하는 구의 그림을 새겨 달라고 말했다고 한다. 이것은 그가 발견한 정리, "구에 외접하는 원기둥의 부피는 그 구 부피의

1.5배"임을 나타낸 것이었다.

또 아르키메데스는 지칠 줄 모르는 발명가였다. 그가 발명한 기계 가운데 가장 유명한 것은 들판에 물을 뿌리거나 배에 찬 물을 빼내는 기계인데, 이집트에서는 오늘날에도 이용된다고 한다.

그는 또 많은 사람들이 달려들어야 간신히 끌어올릴 수 있는 커다란 배를 합성 도르래 장치를 이용해 혼자서 간단히 끌어올린 다음, 다음과 같이 말했다고 한다.

"나에게 지탱할 곳을 달라. 그러면 지구를 움직여 보일 것이다."

10 자와 컴퍼스만으로 그리는 정오각형

오각형은 그다지 많이 쓰이는 도형은 아니다. 삼각형, 사각형, 육각형 모양의 물건은 어렵지 않게 찾을 수 있지만, 오각형은 다르다. 게다가 정오각형은 더욱 찾기 어렵다. 그래서인지 오각형은 특별한 의미로 사용된다. 가장 흔히 쓰이는 곳은 밤하늘에서 반짝이는 별을 그릴 때이다. 뽀족한 별의 정점을 연결하거나 뽀족한 부분을 잘라내면 오각형이 된다. 또 유럽에서는 별 모양의 오각형이 악마를 물리치는 데 이용되었다. 예를 들면, 괴테의 ≪파우스트≫에는 파우스트 박사의 방에 들어온 악마 메피스토펠레스가 별 모양의 오각형 부적 때문에 나가지 못했다는 내용이 있다.

아무튼 우리는 이번 이야기에서 정오각형을 작도해 보려고 한다. 정오각형을 작도하게 되면 작도 문제의 많은 부분이 해결될 것이다.

작도의 기본 조건

기하학에서 작도作圖란 자와 컴퍼스만 사용해서 도형을 그리는 것을 말한다. 이때 ① 두 점을 잇는 직선을 긋고, ② 직선을 연장하고, ③ 한 점을 중심으로 해서 다른 한 점을 지나는 원을 그리는 것이 허용된다. 다시 말해, 자는 두 점을 연결하는 직선을 그리거나 연장할 때만 사용하고 컴퍼스는 원을 그릴 때만 사용한다는 것이다.

작도에 이러한 세 가지 조건이 붙은 이유는 유클리드의 ≪원론≫에서 찾을 수 있다. ≪원론≫은 대부분 기하학적 명제들을 소개하고 그것을 증명하는 내용으로 이루어져 있는데, 여기에 전제 조건과도 같은 공리가 제시되어 있다. 공리는 따로 증명할 필요가 없는 명제를 말한다. 증명이 필요 없으니, 다른 명제를 증명하는 데 기본 원리로 사용된다. 이 공리 가운데 세 가지가 바로 위에서 말한 세 가지 조건이다.

① 임의의 점에서 임의의 점까지 직선으로 연결할 수 있다.

② 정해진 직선을 이어서 똑바로 연장할 수 있다.

③ 임의의 점을 중심으로 하고, 다른 한 점을 지나는 원을 그릴 수 있다.

여기에서 ③을 다시 보자. 엄밀히 말해 이것은 다음 네 번째 공리와는 다른 것이다.

④ 중심과 어딘가에 선분 AB가 있어서, AB를 컴퍼스로 재어 AB의 길이를 반지름으로 하는 원을 그릴 수 있다.

작도에서 ④는 허용되지 않는다. 컴퍼스는 원을 그릴 때에만 사용할 수 있고, 선분을 재는 데는 사용할 수 없기 때문이다.

또 하나 기억할 것은, 〈그림 1〉에서처럼 삼각자의 직각을 이용하여 어떤 직선에 수직이 되는 선을 세우는 것도 규칙 위반이라는 사실이다. 이것은 자는 직선을 그릴 때만 이용한다는 규칙에 위반된다. 또 선분에 자를 대고 그 양 끝에 표시를 해둔 후 (또는 그 선분의 길이를 잰 후), 그것을 다른 직선 위에 그대로 옮기는 것도 규칙 위반이다.

그럼 이제 규칙을 기억하면서 작도를 시작하는데, 먼저 기본적인 사항부터 익혀 보자.

그림 1

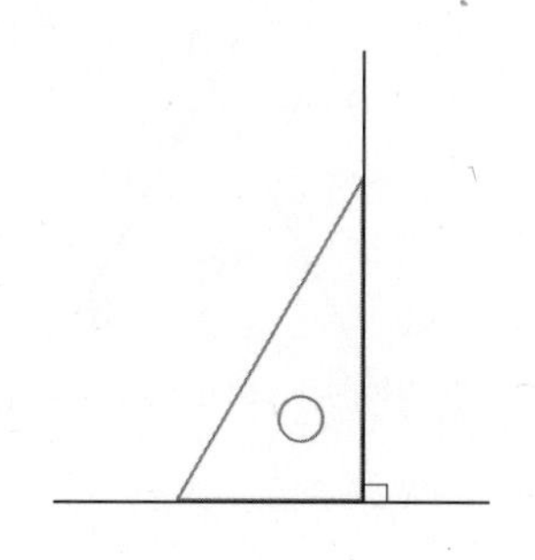

S_1 : 주어진 선분 AB를, 직선 l 위의 점 A'를 끝점으로 하는 선분이 되도록 직선 l 위로 옮기기

〈그림 2〉에서 선분 RA의 연장선 위에 컴퍼스를 이용하여 $AB=AP$인 P를 잡는다. 이것은 공리 ③을 이용해, A를 중심으로 하고 B를 지나는 원을 그리면 된다. 그런 다음 R을 중심으로 하고 RP가 반지름인 원을 그려 l과의 교점을 Q라 한다. 그리고 B'를 $A'Q=A'B'$가 되도록 잡으면 원하는 선분을 얻을 수 있다.

그림 2 S_1의 작도

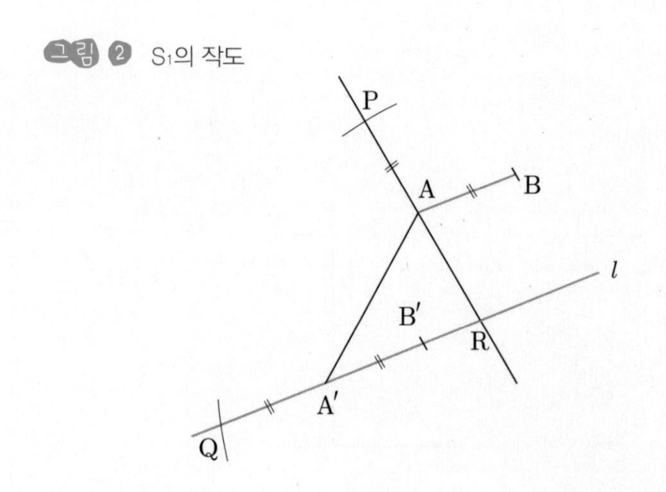

S_2 : 주어진 각과 동일한 각을 주어진 반직선에 그리기

〈그림 3〉에서처럼 각 XOY가 주어졌을 때, O를 중심으로 원을 그려 그 원과 선분 OX, OY와의 교점을 각각 A, B로 한다. 그런 다음 반직선* $O'X'$ 위의 점 O'를 중심으로 각 XOY에서 그린 원과 반지름의 길이가 같은 원을 그리고, 반직선 $O'X'$와의 교점을 A'로 한다. 그런 다음에는 반지름의 길이가 선분 AB의 길이와 같고 A'를 중심으로 하는 원을 그린 후 먼저 그린 원과의 교점을 B'라고 한다. 이제 두 점 O'와 B'를 지나는 반직선 $O'Y'$를 그릴 수 있고, 이때 그려진 $\angle X'O'Y'$는 $\angle XOY$와 같다.

그림 3 S_2의 작도

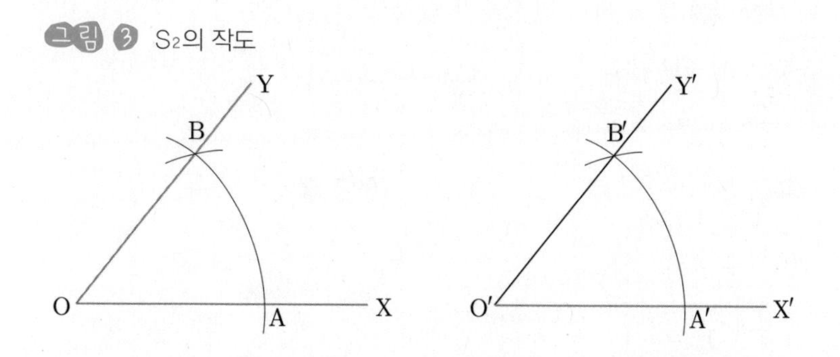

* **반직선** 한 점에 의해 나뉘는 직선의 부분을 말한다. 한쪽은 끝이 있고 다른 한쪽은 무한히 뻗어 있다.

S_3 : 주어진 직선 l 위의 한 점 A에서 직선 l에 수직인 선분 그리기

〈그림 4〉를 보자. 점 A를 중심으로 하는 원을 그리고, 직선 l과의 교점을 B ,C라고 하자. 두 점 B ,C를 중심으로 하고 선분 BC의 길이보다 더 긴 반지름을 가진 원을 각각 그린다. 이때 두 원의 교점을 D라고 하면, A와 D를 연결한 직선이 직선 l에 수직인 직선이다.

S_4 : 주어진 각을 이등분하기

〈그림 5〉에서 $\angle XOY$를 이등분해 보자. 점 O를 중심으로 하여 원을 그리고, 두 선분 OX , OY와의 교점을 각각 A , B라고 하자. 그런 다음 A , B를 중심으로 하여 반지름의 길이가 같은 원을 각각 그린다. 이때 두 원의 교점을 C라고 하면, 직선 OC는 $\angle XOY$를 이등분한다.

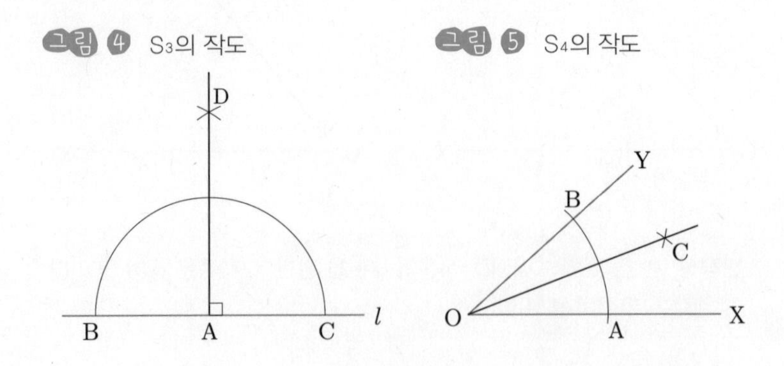

그림 4 S_3의 작도

그림 5 S_4의 작도

S_5 : 주어진 직선 l 밖의 한 점 P에서 직선 l과 수직인 직선 그리기

〈그림 6〉처럼 점 P를 중심으로 원을 그리고, 직선 l과의 교점을 각각 A, B라고 하자. S_4에서 각을 이등분할 때처럼 $\angle APB$의 이등분선을 그으면, 그 직선은 l에 수직이다.

S_6 : 주어진 직선 l 밖의 한 점 P를 지나고 l에 평행하는 직선 그리기

S_5에서 그린 수직선 그리기를 두 번 반복하면 된다. 〈그림 7〉을 보자. 우선 점 P를 지나고 l에 수직인 직선 m을 그린 후, 점 P에서 직선 m에 수직인 직선을 그린다. 그러면 그 직선이 직선 l에 평행하고 점 P를 지나는 직선이 된다.

그림 6 S_5의 작도　　그림 7 S_6의 작도

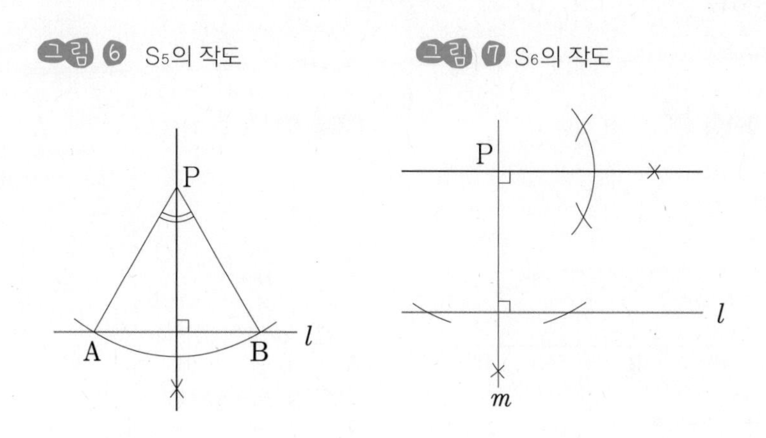

S_7 : 주어진 선분을 2배, 3배, ……로 연장하기

〈그림 8〉에서 보는 것처럼 중심은 선분 AB를 연장한 다음, B이고 반지름은 AB인 원을 그리고, B'를 중심으로 하는 같은 크기의 원을 그린다. 그러면 AB의 2배는 AB'이고, 3배는 AB''이다. 이런 식으로 계속해 나가면 얼마든지 늘려 나갈 수 있다.

S_8 : 주어진 선분 AB를 $m:n$으로 내분하기

〈그림 9〉에서처럼 점 A를 지나는 반직선 위에 점 P를 잡은 다음, 선분 AP를 $m+n$배로 연장한 점을 C라고 하고, m배로 연장한 점을 D라고 한다. 점 D를 지나고 직선 CB에 평행하는 직선을 그려서 선분 AB와의 교점을 E라고 하면, 점 E는 선분 AB를 $m:n$으로 내분한다.

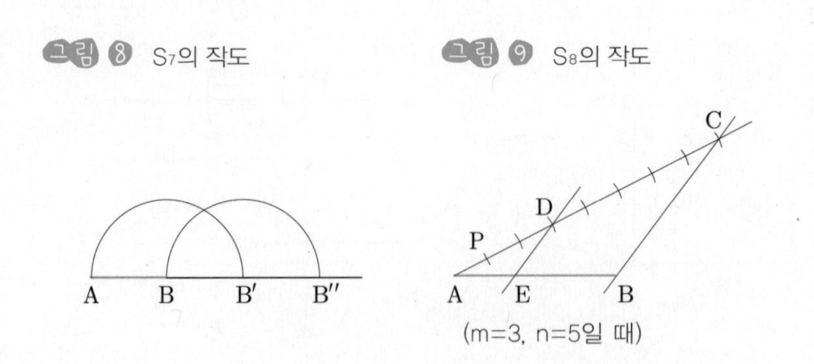

그림 8 S7의 작도

그림 9 S8의 작도

정삼각형과 정사각형의 작도

지금까지 우리는 작도의 기본을 익혔다. S_1에서 S_8까지 우리가 익힌 작도 방법은 어떤 작도를 하든 많은 도움이 된다. 이제 도형을 작도해 보자. 먼저 정삼각형과 정사각형이다. 이때 변의 길이는 주어진다.

정삼각형의 작도는 간단하다. 〈그림 10〉에서 보는 것처럼 주어진 변의 양 끝 점을 A, B라고 하고, 이 두 점을 중심으로 하고 반지름의 길이가 AB인 두 원을 그린다. 두 원은 두 점에서 만나는데, 그 중 한 점을 C라고 한다. 그리고 A와 C, B와 C를 연결해서 만든 삼각형 ABC는 정삼각형이다.

여기에서 우리는 60°인 각의 작도법도 함께 알 수 있다. 삼각형의 세 각의 합은 180°이고 정삼각형의 각 변은 그 크기가 같고, 정삼각형의 한 각의 크기는 60°이기 때문이다.

그림 10 정삼각형 작도 (각 60°의 작도)

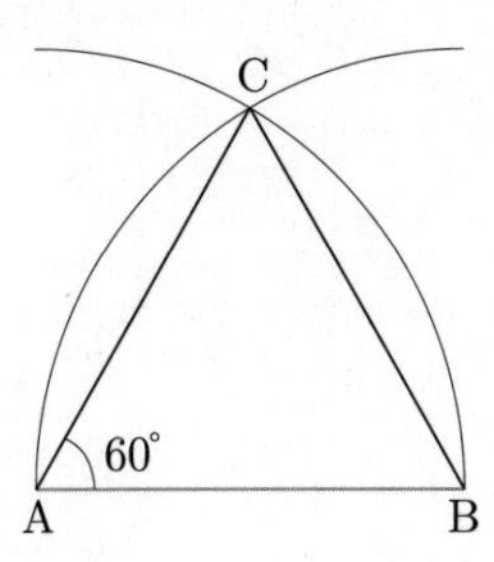

그럼 이번에는 주어진 원에 내접하는 정삼각형을 작도해 보자. 우선 앞에서 익힌 S_7을 응용해서, 주어진 선분을 연장하는 것이 아니라 같은 크기로 나누는데, 아래 〈그림 11-1〉처럼 그것을 원주에서 하는 것이다. 이때 나누는 원의 반지름은 원래 원의 반지름과 같다. 그러면 원은 크기가 같은 호로 나누어지고, 정확히 6등분된다. 또 이것은 반지름과 같은 길이의 현을 연이어 그리는 것과 같다. 이제 원주를 6등분한 점을 하나 걸러 하나씩 연결하면 원에 내접하는 정삼각형을 얻을 수 있다.

그리고 동시에 내접 정육각형도 얻을 수 있다. 〈그림 11-2〉처럼 원의 둘레를 6등분한 점을 차례대로 연결하기만 하면 된다. 이때 정육각형의 변의 길이와 반지름의 길이는 같기 때문에 변의 길이가 주어지면 정육각형을 작도할 수도 있다. 주어진 길이를 반지름으로 하는 원에 육각형을 내접시키면 되는 것이다.

그림 11 원에 내접하는 정삼각형과 정육각형의 작도

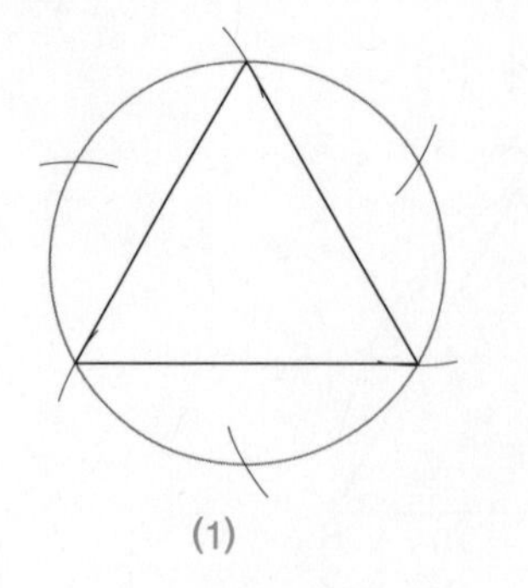

(1)

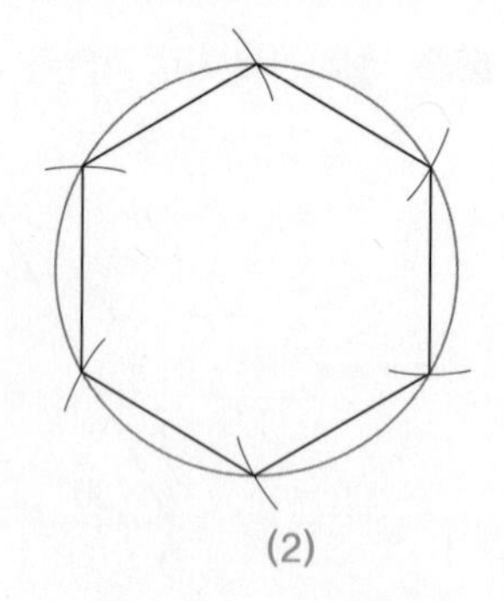

(2)

이제 정사각형을 작도해 보자. 〈그림 12〉에서처럼 주어진 길이의 선분 양 끝 점을 A, B라고 하고, 앞에서 익힌 S_3를 참고해서 직선 AB에 수직이 되는 선을 2개 세운다. 이때 그리는 선분은 선분 AB와 길이가 같고 A와 B를 각각 끝점으로 한다. 그리고 두 개의 선분을 각각 AD와 BC라고 한다. 그런 다음 두 점 C, D를 연결하여 생긴 사각형 $ABCD$가 바로 정사각형이다. 여기에서 A와 C를 연결해서 얻은 각 BAC는 45°이다. 그러니까 이제 우리는 45°의 작도법도 알게 된 것이다.

주어진 원에 내접하는 정사각형은 〈그림 13〉에서처럼 서로 수직으로 만나는 2개의 지름과 원둘레와의 교점을 차례대로 연결하면 얻을 수 있다. 또 여기에서 정팔각형도 그릴 수 있다. 원의 중심 O에 모여 있는 2개의 선분으로 이루어진 4개의 중심각을 이등분하는 선(그림에서는 점선)을 긋고, 그것과 원의 둘레가 만나는 점들을 차례로 연결하면 된다.

그림 12 정사각형과 각 45°의 작도

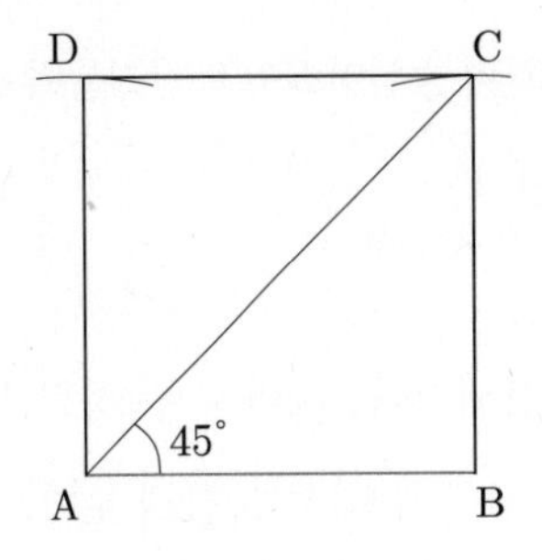

그림 13 정팔각형의 작도

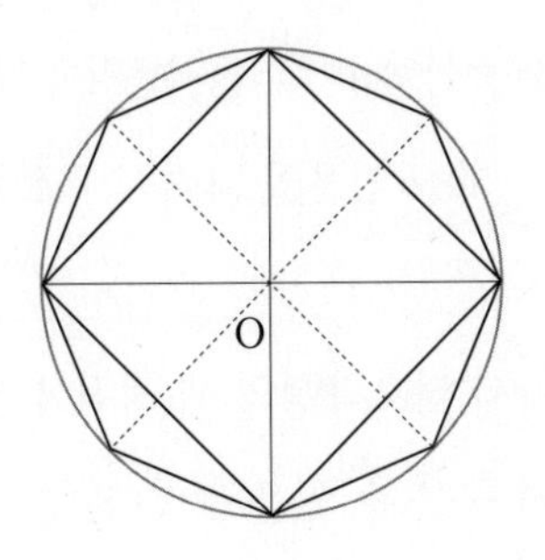

그리고 S_4에서 익힌 것처럼 우리는 이미 각의 이등분선을 작도할 수 있기 때문에, 이런 방법을 이용하여 정12각형, 정24각형, …… 그리고 정16각형, 정32각형……도 작도할 수 있다.

정오각형에 도전하자

드디어 정오각형을 작도할 차례이다. 지금까지 우리가 익힌 모든 작도법을 상기하면서, 다음 순서에 따라 〈그림 14〉처럼 작도해 보자.

① 점 B를 지나고 주어진 선분 AB와 수직인 직선을 그린다. : S_3
② ①에서 그린 직선 위에 길이가 AB의 2배가 되도록 점 C를 잡는다. : S_1 과 S_7
③ 선분 AC의 연장선 위에 C에서 길이가 AB와 같도록 점 D를 잡는다. : S_1
④ 선분 AD의 중점 E를 잡는다. : S_8
⑤ 중심이 A이고 반지름의 길이가 AE인 원과 중심이 B이고 반지름의 길이가 AB인 원을 그려 그 교점을 F라고 한다.

이제 정오각형의 세 정점 A, B, F가 정해졌다. 나머지 두 정점은 간단히 찾을 수 있을 것이다. 〈그림 14-2〉를 참고해서 직접해 보자.

그림 14 정오각형 작도

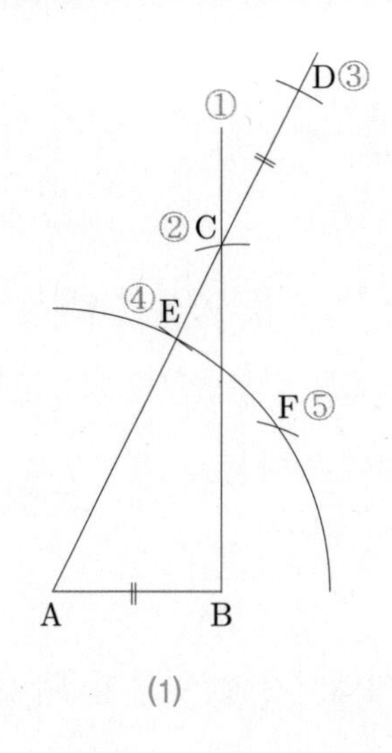

(1)

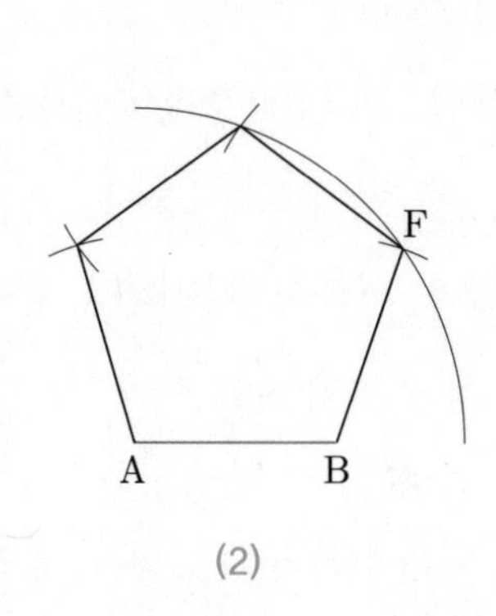

(2)

정오각형과 황금비율

정오각형에서 한 변의 길이가 1일 때 대각선의 길이는 어떻게 될까? 다시 〈그림 14-1〉를 보자. 여기에서 AB의 길이를 1이라고 가정할 때 선분 AE의 길이를 구하는 것과 같다. 왜냐하면 대각선 AF와 AE는 같은 원의 반지름이므로 길이가 같기 때문이다.

선분 BC는 선분 AB의 두 배이므로 그 길이가 2이다. 그리고 삼각형 ABC는 직각삼각형이므로, 피타고라스의 정리를 이용하여 선분 AC의 길이는 다음과 같이 구할 수 있다.

$$\overline{AC}^2=\overline{AB}^2+\overline{BC}^2$$

$$=1^2+2^2=5$$

$$\therefore \overline{AC}=\sqrt{5}$$

그러면 작도의 과정에서 선분 AD의 길이는 선분 AC에서 AB 길이만큼 연장한 것이므로, $\sqrt{5}+1$이다. 그리고 E는 선분 AD를 이등분하는 점이었다. 따라서 선분 AE의 길이는 다음과 같다.

$$\frac{\sqrt{5}+1}{2}=\left(\frac{\sqrt{5}-1}{2}\right)^{-1}=g^{-1}$$

자, 위의 값을 눈여겨 보자. 눈에 익은 형태이지 않은가? 황금수를 떠올렸다면 맞다. 즉 정오각형의 대각선 길이는 황금수 g의 역수*인 것이다. 그럼 뒤집어 생각해 보자. 대각선의 길이가 g^{-1}이면 정오각형이라고 말할 수 있을까? 이것을 입증하기 위해서는 그 반대로 "변의 길이가 1인 정오각형의 대각선 길이가 g^{-1}"임을 증명하면 된다.

확인해 보자. 지금부터 우리는 변의 길이가 1인 정오각형의 대각선 길이는 g^{-1}이라는 것을 확인하려고 한다. 하지만 걱정할 필요는 없다.

* **역수** 곱해서 1이 되는 두 수는 서로에게 '역수'가 된다. 예를 들어, $2\times\frac{1}{2}=1$이므로, 2의 역수는 $\frac{1}{2}$, $\frac{1}{2}$의 역수는 2이다.

그 원리는 간단하기 때문이다. 각의 크기와 닮은비를 계산하는 것으로 충분히 증명된다. 〈그림 15〉에서 $ABCDE$는 정오각형이다. 이 정오각형에 대각선을 모두 그어 나온 모든 각에 •, ◦, ×를 사용해 합동인 각을 표시했다. 우선 이것부터 확인해 보자.

정오각형에 그을 수 있는 대각선 5개를 모두 그은 다음 정오각형의 외접원을 그려 보면, 〈그림 15-1〉처럼 •으로 표시된 각들은 모두 정오각형의 각 변을 현으로 하는 호의 원주각이므로 그 크기가 모두 같다.

한편 정오각형 내각의 합은 540°이므로, 한 내각의 크기는 이것을 5로 나눈 108°이다. 108°를 다시 3등분하면 •표 각의 크기를 구할 수 있

그림 15

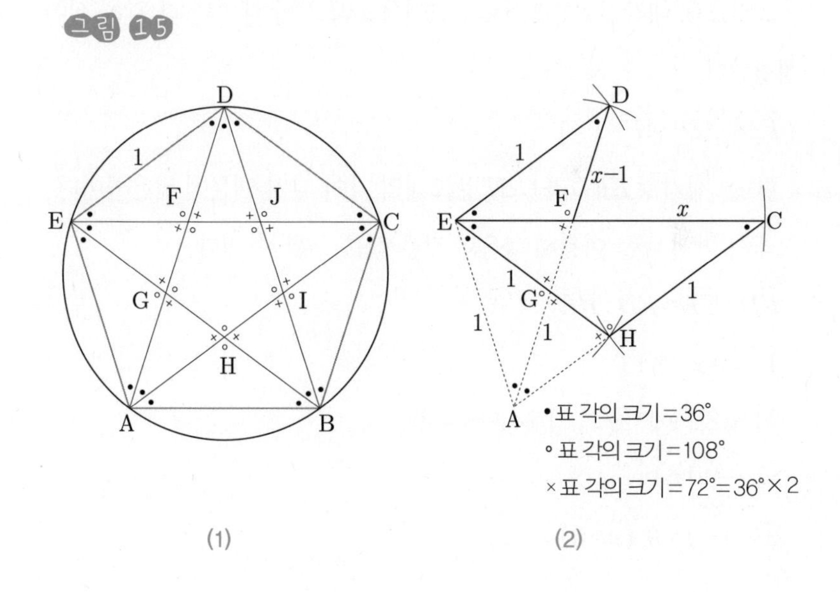

다. 따라서 • 표 각의 크기는 36°이다.

여기에서 삼각형 EFD와 삼각형 EGA 등은 한변의 길이와 두 각의 크기가 같으므로 모두 합동인 이등변삼각형들이다. 따라서 ◦표 각의 크기는 쉽게 구할 수 있다. 삼각형의 세 내각의 합은 180°이므로, $180°-36°\times2=108°$이다. 그럼 ×표 각의 크기는 직선상에서 나눈 두 각이므로 180°에서 ◦표 각의 크기 108°를 빼주면 된다. 따라서 ×표 각의 크기는 72°이다. 〈그림 15-2〉는 이런 과정을 나타낸 것이다.

삼각형 EGD와 EFA는 합동인 이등변삼각형이다. 선분 EA와 ED의 길이가 같고, $\angle DEG=\angle AEF$(= • 표 각 2개)이며 $\angle EAF=\angle EDG$(= • 표 각 1개)이기 때문이다. 따라서 선분 ED와 AF의 길이는 같다.

그러므로 대각선(예컨대 AD)의 길이를 x라고 할 때 다음과 같은 식이 성립한다.

$\overline{FD}=\overline{AD}-\overline{AF}=x-1$

한편, 삼각형 EFD와 CHE는 2개의 각이 같기 때문에 닮은꼴이다. 그래서 변의 비를 이용해 다음과 같은 식을 구할 수 있다.

$\overline{ED}:\overline{CE}=\overline{FD}:\overline{HE}$

$1:x=x-1:1$

이 방정식에서 x의 값을 구해 보자.

$x(x-1)=1$

$x^2-x-1=0\ (x>0)$

$$x=\frac{1+\sqrt{5}}{2}$$

따라서 정오각형의 대각선의 길이는 g^{-1}이 됨을 알 수 있다. 정오각형 작도의 핵심은 그 변과 대각선의 비가 '황금비'라는 점이다. 그것만 잘 기억해 두면 정오각형은 쉽게 그릴 수 있다.

원에 내접하는 정십각형과 정오각형

작도문제에 자주 등장하는 것은 주어진 원에 내접하는 정오각형을 그리는 것이다. 이처럼 원에 내접하는 정오각형을 그리기 위해서는 먼저 그 원에 내접하는 정십각형을 그리면 쉽게 할 수 있다. 정십각형을 그리는 데 기억해야 할 부분은, 〈그림 16〉에서 A와 B처럼 정십각형에서 마주보는 2개의 꼭지점이 원의 지름의 두 끝점이 된다는 것이다.

이때 정십각형의 두 꼭지점과 원의 중심을 연결하여 생긴 한 각의 크기는 180°인 $\angle AOB$를 5등분한 것이므로 36°이다. 각 36°를 작도하는 방법은 정오각형을 작도할 때 이미 익혔다. 그 36°를 반직선 OA 위쪽에 선분 OA를 기준선이 되도록 하여 옮기면 된다(S_2의 작도). 또 다른 방법은 〈그림 14〉에서 정오각형의 대각선인 AF를 연결해서 생기는 각 BFA는 36°이고, BAF 역시 36°이다. 그리고 이것을 그림 〈16-2〉의 OB 위

그림 16 정십각형의 작도

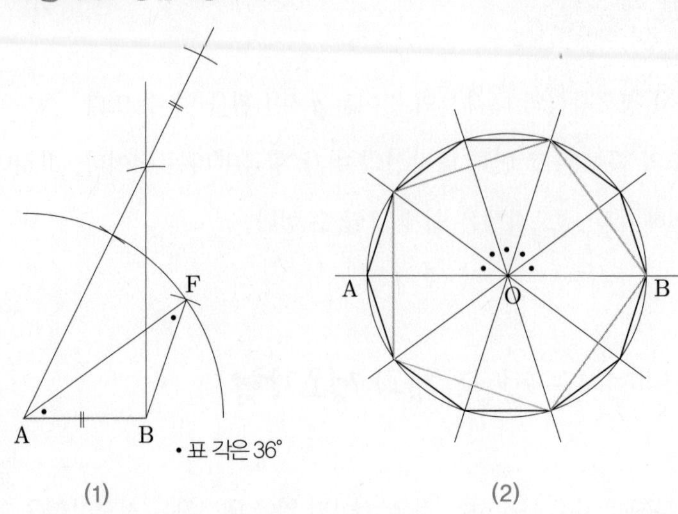

에서 작도하면 36°는 쉽게 그릴 수 있다.

이렇게 해서 원둘레의 10등분점을 얻을 수 있다. 그리고 이것들을 연결하면 정10각형을 얻을 수 있고, 하나 걸러서 하나씩 연결하면 내접 정오각형을 작도할 수 있다. 유클리드 ≪원론≫ 〈제4권〉에도 주어진 원에 내접하는 정오각형의 작도법이 소개되어 있다.

다각형의 내각의 합

다각형의 내각의 합은 어떻게 구할까? 삼각형 내각의 합이 180°인 것은 알고 있을 것이다. 이것과 다각형의 한 점에서 그을 수 있는 대각선의 수를 이용하면, 다각형의 내각의 합은 쉽게 구할 수 있다. 사각형의 한 점에서 그을 수 있는 대각선의 수는 1개, 오각형의 경우는 2개, 육각형은 3개이다. 그리고 n각형의 한 점에서 그을 수 있는 대각선의 수는 $n-3$이다.

다각형의 한 점에서 그을 수 있는 대각선의 수를 구하는 이유는 다각형을 아래 그림과 같이 삼각형으로 나누기 위함이다.

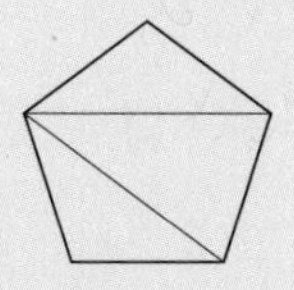

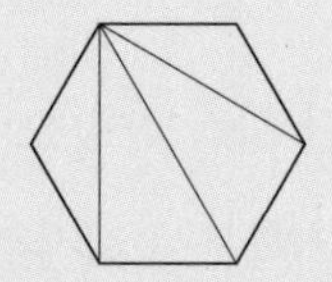

다각형을 삼각형으로 나누면, 그때 생기는 삼각형의 내각을 모두 더해 다각형의 내각의 합을 구할 수 있다. 예를 들어 오각형의 경우, 삼각형이 3개 생기므로 내각의 합은 $180° \times 3=540°$이다. 그렇다면 n각형의 내각의 합은 어떻게 나타낼까?

	사각형	오각형	육각형	n각형
한 점에서 그을 수 있는 대각선의 수 (개)	1	2	3	$n-3$
삼각형의 수 (개)	2	3	4	$n-2$
내각의 크기의 합(°)	$180° \times 2=360°$	$180° \times 3=540°$	$180° \times 3=540°$	$180° \times (n-2)$

그럼 이제 정다각형일 경우, 한 내각의 크기도 구할 수 있다. 내각의 합을 n으로 나누면 된다. 예를 들어 정오각형의 경우, 한 내각의 크기는 $540° \div 5=108°$가 된다.

불가능에 도전하는, 각의 3등분

고대 그리스는 유럽 사람들이 오랫동안 닮고 싶어한 사회였다. 민주주의의 씨앗이 자라고 학문이 시작된 고대 그리스 사회를 향한 동경은, 크리스트교에 의해 지배된 암흑의 중세를 지나면서 점점 더 강해졌다. 그리고 이것이 배경이 되어 14~16세기에 고대 그리스의 문화와 학문을 다시 일으켜 세우려는 르네상스가 일어났다.

수학에서도 고대 그리스가 남긴 유산은 방대하다. 수에 대해 연구한 피타고라스뿐만 아니라 수많은 수학자들이 있었고, ≪기하학원론≫을 쓴 유클리드도 고대 그리스 사람이다.

각의 3등분에 대한 이번 이야기에서는 모든 학문이 활발하게 연구되던 고대 그리스에서 전해오는 '풀 수 없는 작도 문제' 3개를 소개하면서 시작하려고 한다.

① 주어진 정육면체보다 부피가 2배 더 큰 정육면체를 만들어라.

② 주어진 원과 넓이가 같은 정사각형을 만들어라.

③ 임의의 각을 3등분하라.

이 3가지 문제는 모두 작도 문제이므로 자와 컴퍼스만을 이용해야 하며, 자는 직선을 그릴 때만, 컴퍼스는 원을 그릴 때만 사용해야 한다. 물론 이 문제는 모두 풀 수 없다. 왜 그런지 보자.

우선 문제 ①을 보자. 이 문제는 데로스 문제라고도 한다. 여기에는 다음과 같은 얘기가 전해온다.

옛날 아테네에 전염병이 퍼지자 사람들은 데로스 섬에 있는 아폴로 신전으로 가서 기도를 했다. 그러자 신이 "정육면체인 제단의 부피를 2배로 만들면 전염병을 없애 주겠다"고 했다. 아테네 사람들은 재빨리 각 변을 2배로 한 정육면체의 제단을 만들어서 받쳤지만, 전염병은 사라지지 않았다. 그래서 또다시 아폴로 신을 찾아갔다. 그러나 신은 "정육면체의 각 변을 2배로 하면 부피는 8배가 된다"는 말만 남겼다는 것이다.

정육면체에서 한 변을 k배 하면 부피는 k^3배가 된다. 따라서 2배의 부피를 가지는 정육면체의 작도를 하기 위해서는, $\sqrt[3]{2}=1.259921\cdots\cdots$을 자와 컴퍼스로 작도해야 한다.

사실 아폴로 신은 매우 어려운 문제를 낸 것이었다. 아테네 사람들은 그 문제를 풀지 못했다. 아테네에 전염병이 계속되지 않은 것은 아폴로

신이 이 문제의 불가능함을 알았기 때문이 아닐까? 아무튼 이런 이야기와 함께 '데로스 문제'라는 이름이 전해진다.

문제 ②는 어떨까? 이 문제는 π 이야기에서 이미 알아본 대로 π값 3.14159265……을 작도해야 한다는 말이다. 이것 역시 불가능하다.

각의 3등분

그렇다면 각의 3등분은 어떨까? 이번에 우리가 하려는 이야기가 바로 이 문제이다. 자와 컴퍼스만으로 '임의의 각'을 3등분하는 것이다. 물론 이 문제 역시 불가능하다. '임의의 각'이라는 말은 바꿔 말하면 '어떤 각이라도'라는 의미이다. 물론 3등분할 수 있는 각도 있다. 예컨대 90°는 3등분할 수 있다. 하지만 그렇다고 이것이 '어떤 각도' 3등분할 수 있다는 것을 의미하는 것은 아니다.

실제로 직각은 3등분할 수 있다. 〈그림 1〉을 보자. 여기에서 각 XOY는 직각이다. O를 중심으로 한 원과 OX, OY와의 교점을 각각 A, B라 하고, 처음 그린 원과 반지름이 같은 원을 A와 B를 중심으로 각각 하나씩 그린다. 그리고 처음의 O를 중심으로 하는 원과의 교점을 각각 C, D라 하면 선분 OC, OD는 각 XOY를 3등분한다.

그림 1

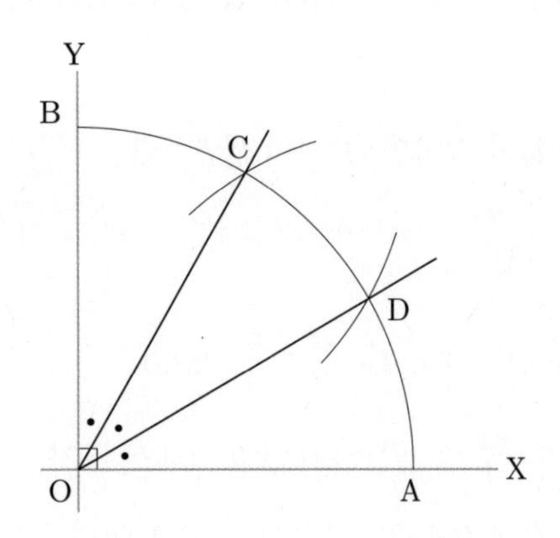

각의 2등분

19세기 초 프랑스에 갈로아[1811~1832년]라는 수학자가 있었다. 21살의 젊은 나이로 결투에서 쓰러질 때까지 '갈로아 이론'이라고 부르는 획기적인 업적을 남겨 수학의 흐름에 큰 영향을 미친 천재 수학자이다. '각의 3등분'을 작도하는 것이 불가능하다는 것은 갈로아 이론으로 설명할 수 있지만, 그것은 매우 복잡하고 어렵려운 이야기가 될 것이다. 다만 가우스의 착상을 빌려 설명하는 것은 가능하다. 이제 가우스의 착상에 의해 작도로 각을 삼등분하는 것이 불가능하다는 것을 설명하기로 하자.

우선 지금까지 우리가 해온 '작도' 말고 다른 방법으로 각을 3등분하는 방법, 두 가지를 먼저 소개하겠다.

우선 〈그림 2〉에서 주어진 각 AOB의 크기를 α알파라고 하고, 그 2등분선을 OA_1로 하면 (1)과 같이 나타낼 수 있다. 여기에서 다시 각 AOA_1의 2등분선을 OA_2라고 하면 (2)식이 성립한다.

$$\angle AOA_1 = \frac{\alpha}{2} \quad : (1)$$

$$\angle AOA_2 = \angle AOA_1 - A_1OA_2 = \frac{\alpha}{2} - \frac{\alpha}{4} \quad : (2)$$

여기에서 $\frac{\alpha}{2} - \frac{\alpha}{4} = \frac{\alpha}{4}$ 로 계산하지 않고 그대로 두자. 이유는 차차 설명하겠다. 그리고 각 A_1OA_2의 이등분선을 OA_3이라 하면 각 $A_2OA_3 = \frac{\alpha}{8}$가 되고, 이것은 다음과 같이 나타낸다.

$$\angle AOA_3 = \angle AOA_2 + A_2OA_3 = \frac{\alpha}{2} - \frac{\alpha}{4} + \frac{\alpha}{8} \quad : (3)$$

그림 2 각의 이등분을 계속하기

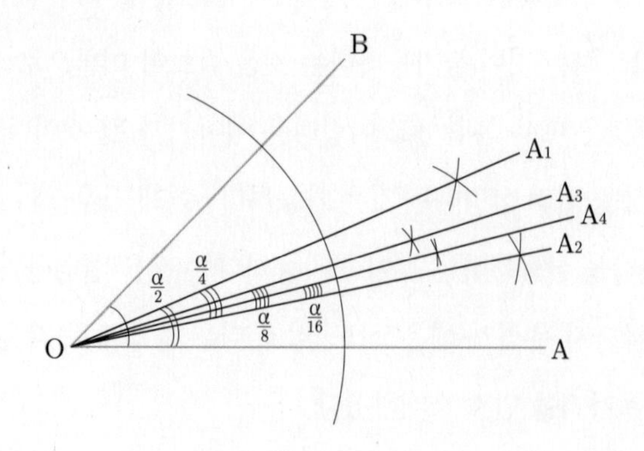

이 조작을 끝없이 계속해 보자. 물론 '끝없이'라는 것은 실제로는 불가능하다. 하지만 우리는 누구나 몇 번 정도 조작을 하고 나면 그 뒤로는 머릿속에서 '끝없이' 계속할 수 있다.

이제 각 AOB를 '끝없이' 이등분한 각의 크기를 (1), (2), (3)의 형태를 응용해 나타내 보자.

$$\angle AOA_1=\frac{\alpha}{2}$$

$$\angle AOA_2=\frac{\alpha}{2}-\frac{\alpha}{4}=\frac{\alpha}{2}\{1+(-\frac{1}{2})\}$$

$$\angle AOA_3=\frac{\alpha}{2}-\frac{\alpha}{4}+\frac{\alpha}{8}=\frac{\alpha}{2}\{1+(-\frac{1}{2})+(-\frac{1}{2})^2\}$$

$$\angle AOA_4=\frac{\alpha}{2}-\frac{\alpha}{4}+\frac{\alpha}{8}-\frac{\alpha}{16}=\frac{\alpha}{2}\{1+(-\frac{1}{2})+(-\frac{1}{2})^2+(-\frac{1}{2})^3\}$$

이렇게 적고 보니 굳이 (1), (2), (3)의 형태로 나타낸 이유를 알 것 같지 않은가? 그리고 이제 n번째 이등분한 각의 크기를 추측할 수 있다.

$$\angle AOA_n=\frac{\alpha}{2}\{1+(-\frac{1}{2})+(-\frac{1}{2})^2+\cdots\cdots+(-\frac{1}{2})^{n-1}\}$$

이 식의 괄호 속은 이 책 1장 '05. 신화 속 영웅과 거북의 경주, 역설'에 나오는 다음 수열과는 $\frac{1}{2}$이 $-\frac{1}{2}$로 바뀌었다는 점을 제외하고는 같다.

$$1+\frac{1}{2}+(\frac{1}{2})^2+(\frac{1}{2})^3+\cdots\cdots$$

그러므로 그 결과를 이용해 보면, 제1항에서 제n항까지의 합은 다음과 같다.

$$\frac{1-(-\frac{1}{2})^n}{1-(-\frac{1}{2})}$$

n이 점점 커지면, 즉 이등변 조작을 끝없이 계속하면, $(-\frac{1}{2})^n$은 끝없이 0에 가까워지고, 다음 식이 성립된다.

$$1+(-\frac{1}{2})+(-\frac{1}{2})^2+\cdots+(-\frac{1}{2})^{n-1}\cdots$$

$$=\frac{1}{1-(-\frac{1}{2})}=\frac{2}{3}$$

따라서 이때 $\angle AOA_n$은 $\frac{\alpha}{2}\times\frac{2}{3}=\frac{\alpha}{3}$에 끝없이 가까워진다. 따라서 '끝없이' 이등분하는 것이 가능하면, 각 α를 삼등분할 수 있다. 하지만 실제 그림에서는 이것을 실현할 수가 없다. 또 '끝없이'라는 것은 '자와 컴퍼스를 정해진 횟수만큼만 사용하여'라는 조건에 맞지 않다.

각을 3등분하는 편법

두 번째 방법은 가끔 이루어지는 편법이다. 〈그림 3-1〉을 보자. $\angle AOB=\alpha$가 주어져 있다. 여기에 O를 중심으로 반지름 r인 원을 그리고, OA, OB와의 교점을 각각 P, Q라고 한다. 그런 다음 Q를 통과하는 직선을 긋고 그것과 AO의 연장선과의 교점을 S라 하고, QS와 원과의 교점을 T라 한다. 그리고 이때, $ST=r$이라고 '가정'한다.

이렇게 만들어지는 삼각형 OQT에서 OQ와 OT는 반지름 r이므로, 이등변삼각형이다. 따라서 $\angle OTQ = \angle OQT$가 성립된다. 이 각의 크기를 β베타라고 하자.

또 삼각형 OTS에서 $TS = TO = r$이므로 이것 역시 이등변삼각형이다. 따라서 $\angle TSO = \angle TOS$이다. 이 각의 크기를 γ감마라고 하자.

$\angle OTQ$는 삼각형 OTS의 외각이므로 삼각형의 다른 두 내각의 합과 같다. 따라서 β는 γ의 2배 크기이다. 또 α는 삼각형 SOQ의 외각이므로 $\angle OQS$와 $\angle OSQ$의 합과 같다. 이것을 식으로 나타내면 다음과 같다.

$\beta = 2\gamma$: (4)

$\alpha = \beta + \gamma$: (5)

그리고 (4)를 (5)에 대입하면 다음과 같은 식이 성립한다.

• $\alpha = 3\gamma$

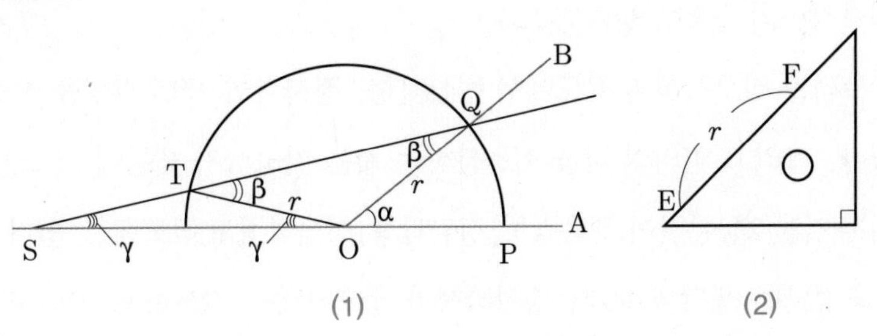

이렇게 해서 α의 삼등분각 γ를 얻을 수 있다.

그런데 여기에서 문제는 'ST가 반지름 r과 같다'는 가정이다. 〈그림 3−1〉에서처럼 직선 QS를 작도하는 것이 가능할까? Q를 통과하는 직선을 그린다면 가끔은 $ST=r$이 된다. 그러나 늘 뜻대로 되는 것은 아니다. '가끔' 이루어지는 일일 뿐이다.

실질적인 방법으로는 〈그림 3−2〉처럼 삼각자에 반지름 r 크기의 눈금 E, F를 붙인 다음, 삼각자를 점 Q에 대고 회전하면서 E가 AO의 연장선 위에, F가 원둘레 위에 오도록 조절하는 것을 생각할 수 있다. 이렇게 편법을 이용하는 것이 허용된다면 각의 3등분은 작도할 수 있다. 하지만 편법을 금하는 한 각의 3등분은 불가능하다.

정다각형의 작도

자, 이제 본격적인 각의 삼등분을 시작해야 한다. 그 첫 준비 단계로 정다각형의 작도를 생각해 보자.

우리는 정오각형의 작도에서 정삼각형, 정사각형, 정오각형을 작도했다. 그리고 임의의 각을 이등분하는 것은 가능하기 때문에 각 도형의 내각을 2등분하여 정육각형, 정팔각형, 정십각형도 작도할 수 있다.

그렇다면 생각해 보자. 정삼각형과 정오각형을 작도할 수 있다면,

$3\times5=15$로, 정15각형도 작도할 수 있는 것은 아닐까? 당연히 할 수 있다. 왜 그런지 살펴보자. 정15각형의 한 변에 대한 중심각은 다음과 같다.

$$\frac{360^\circ}{15}=24^\circ=\frac{4}{15}\,90^\circ$$

따라서 24°, 즉 직각의 $\frac{4}{15}$를 작도하면 된다. 이 식에서 분모 15를 3×5로 분해하면 다음 식이 성립한다.

$$\frac{4}{15}=\frac{2}{3}-\frac{2}{5}$$

이것은 '$\frac{4}{15}$직각'이, '$\frac{2}{3}$직각'에서 '$\frac{2}{5}$직각'을 뺀 것이라는 의미이다. 즉 60°에서 36°를 뺐다는 말이다. 그리고 60°는 정삼각형의 한 내각이고, 36°는 정10각형의 한 변에 대한 중심각이므로 작도할 수 있다. 그렇다면 물론 그 차도 작도할 수 있다.

이제 우리는 $\frac{4}{15}$직각$=24^\circ$의 작도 방법을 알게 되었다. 그리고 이로써 우리가 작도할 수 있는 정다각형 목록에 정15각형이 추가되었다.

다시 정리해 보자. 정다각형의 변의 개수를 n으로 할 때, $n=3$, 4, 5, 6, 8, 10, 15인 정n각형(=정n변형)을 작도할 수 있다. 게다가 각의 이등분을 이용하면 작도 가능한 정다각형은 매우 많아진다.

$n=12$, 16, 20, 30

$n=24$, 32, 40, 60

여기에서 각각의 n값을 소인수분해해 보자.

$$12=2^2 \cdot 3,\quad 16=2^4,\quad 20=2^2 \cdot 5,\quad 30=2 \cdot 3 \cdot 5$$

$$24=2^3 \cdot 3,\quad 32=2^5,\quad 40=2^3 \cdot 5,\quad 60=2^2 \cdot 3 \cdot 5$$

$$\vdots$$

게다가 여기에 2배를 하면, 결국 우리는 다음 정n각형을 작도할 수 있게 된다.

$n=2^a \cdot 3,\ 2^b,\ 2^c \cdot 5,\ 2^d \cdot 3 \cdot 5$ (a, b, c, d는 0 또는 양의 정수)

정17각형의 작도

그럼 이 같은 형태의 n 이외에 작도할 수 있는 정n각형은 없을까? 누구나 생각할 수 있는 의문이다.

1796년에 그 의문 가운데 하나를 해결한 수학자가 있었다. 당시 19살이었던 가우스1777~1855년가 정17각형의 작도법을 생각해낸 것이다. 그리고 그 날 아침은 그 19살의 청년이 수학의 1인자가 되는 순간이었다고 말하는 수학자도 있다. 가우스는 1855년78세에 죽었지만, 19세기 전반을 통해 많은 공헌을 하였으며, 당시 수학자들이 그를 목표로 수학 연구에 전념했다고 한다.또 가우스가 20살에 완성한 유명한 첫 책《정수론Disquisitiones arithmeticae》은 '완성된 예술'이고, 200년 이상이나 지난 오늘날에도 그것을 '겨우' 소화하고 있는 듯하다.

정17각형의 작도문제 있어 가우스의 착상을 빌리면 다음과 같은 결론을 얻을 수 있다.

$n=2^m p^1 p^2 \cdots\cdots p^r$ (단, $m=0, 1, 2, \cdots\cdots$) : (6)

이때 $p^i(i=1, 2, \cdots\cdots r)$가 모두 서로 다른 페르마 소수의 형태이면, 정 n각형을 작도할 수 있다. 반대로 작도할 수 있는 정n각형의 n은 (6)과 같은 꼴의 정수이다. 여기에서 n의 약수 중 페르마 소수는 모두 1제곱으로 거듭제곱의 꼴로 나타나지 않는다는 것에 주의해야 한다.

페르마 소수

그럼 페르마 소수란 어떤 것일까? 한 마디로 말해, 다음 형태의 소수를 말한다.

- $F_k=2^{2^k}+1$

이에 따르면 3,5는 페르마 소수이고, 이때 k의 값은 각각 0,1이다.또 65537 역시 페르마 소수(이때 $k=4$)이다. 따라서 가우스에 의하면 정 65537각형은 작도할 수 있다. 페르마가 어떤 것에서 F_k를 생각했는지는 자세히 알 수 없지만, 그래도 200년 이상이 지난 지금 그것이 정다각형의 작도와 연결된다는 것은 놀라운 일이다. 물론 논리적으로는 당연하다고 말할 수 있지만, 이런 일이 흔한 것은 아니다.

이런 일들을 접할 때마다 수학의 계통이 먼 과거에서 미래의 그 누군가에게로 가늘고 길게 이어져 가고 있음을 실감하게 된다. 각 시대 수학의 제1인자들을 자세히 살펴보면 그 계통을 더듬어보는 듯한 느낌마저 든다. 아무튼 지금까지 설명한 가우스의 결과에서 우리는 다음을 알게 된다.

$n=p^2$ (p는 2를 제외한 소수)에 대해 정n각형은 작도할 수 없다. : (7)

이 이야기에서 우리가 해결해야 할 문제는, '임의의 각을 3등분할 수 없다'는 것을 '증명'하는 것이다. 그러나 우리의 결론은 '작도할 수 없는 각이 있다'라고 하는 것이 좋겠다.

예를 들어 보자. 원에 내접하는 정삼각형의 한 변에 대한 중심각은 120°이다. 그것의 3등분각인 40°를 작도할 수 있다고 하자. 그러면 40°는 정9각형의 한 변에 대한 중심각이므로, 정9각형을 작도할 수 있게 된다. 그런데 $9=3^2$이므로 그것은 (7)에 모순된다.

초등 기하학에서는 각의 3등분에 관계하는 일이 거의 없다고 말해도 좋다. 하지만 직접적인 관계는 없다 하더라도, '각의 3등분'에서 연상되는 정리가 있어 소개하겠다. 그것은 '프랭크 몰리의 정리'인데, 초등 기하학에서 가장 놀랄 만한 정리로 다음과 같다.

"임의의 삼각형에서 각 내각의 3등분선의 교점을 연결해서 얻는 삼각형은 정삼각형이다."

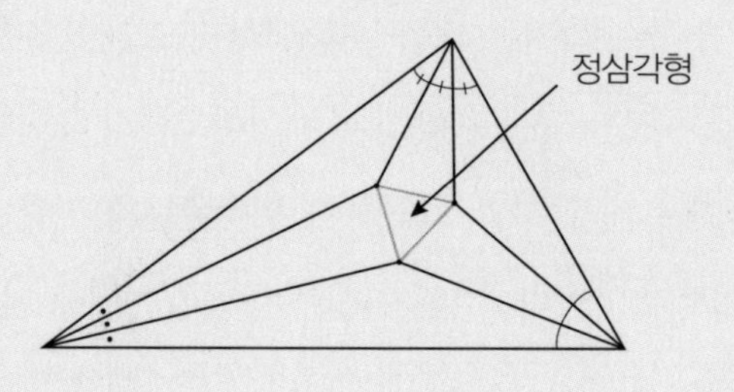

풀리지 않는
의문과
수학계의 악동

페르마

프랑스의 정치가이면서 수학자인 페르마Fermat, 1601~1665년는 외골수에 짓궂기로 유명했다. 그는 다른 사람과는 거의 교류하지 않은 것으로 전해진다. 그러나 몇몇 수학자와는 편지를 주고 받았다. 그런데 그럴 때마다 짓궂게도 이렇게 약을 올렸다고 한다.

"이것은 내가 새롭게 증명한 수학정리라네. 자네도 이것을 한번 증명해 보게. 아, 다시 말하지만, 나는 이미 증명했다네."

물론 그 정리의 증명을 함께 보내지는 않았다. 이런 편지를 받은 수학자들은 애를 태우며 이를 증명하려 하였을 것이다. 하지만 뜻대로 되지 않기 일쑤였고, 그에게서는 더 이상 아무런 힌트도 얻을 수 없었다고 한다. 그래서 일부 수학자는 그를 '허풍쟁이'라고 불렀으며, 영국인 수학자 존 월리스는 '빌어먹을 프랑스 녀석'이라고까지 표현했을 정도란다.

페르마는 메르센 신부가 간곡하게 부탁했는데도 끝내 자신의 증명 과정을 공개하지 않았다. 그는 자신이 증명한 내용을 세상에 공개한다고 해도 자신에게는 아무런 이득이 없다고 생각했다. 그에게 중요한 것은 오직 남에게 방해받지 않고 조용히 새로운 정리를 증명하는 것뿐이었다.

그 때문인지 'n이 2보다 클 때 $X^n+Y^n=Z^n$은 정수해를 갖지 않는다'는 '페르마의 정리'는 그가 죽은 후 300년 이상이 지난, 불과 몇 년 전까지만 해도 풀리지 않는 의문으로 남아 있었다. 쟁쟁한 수학자들이 그것을 증명하려고 무척 애썼으나 제대로 풀리지 않았다. 다만 이 정리를 증명하려고 애쓰는 과정에서 다른 중요한 수학적 발견들이 이루어졌고, 이로써 수학에 많은 발전이 있었다.

1908년에는 독일의 월스켈이라는 사람이 이 문제와 관련된 유언을 남겼는데, 앞으로 100년 내에, 그러니까 서기 2007년까지 이 정리를 완벽하게 증명하는 사람에게는 10만 마르크의 상금을 주겠다는 것이었다. 그동안 두 차례의 세계대전과 환율변동 등으로 지금은 '상금'이라고 하기도 어려울 정도로 적은 액수이긴 하지만, 당시에는 거금이었다고 한다.

그리고 드디어 1994년, 미국 수학자가 '페르마의 정리'를 완벽하게 증명해서 '1994년을 빛낸 각계의 인물'에 오르기도 했다. 수백 년 동안 풀리지 않는 숙제로 남아 있던 페르마의 정리 못지 않은 수수께끼가 하나 있는데, 그것은 과연 페르마가 그것을 정말로 증명했겠느냐는 것이다. 대부분의 학자들은 당시의 수학 발달 정도에 비추어볼 때 불가능했을 것이라고 추측한다.

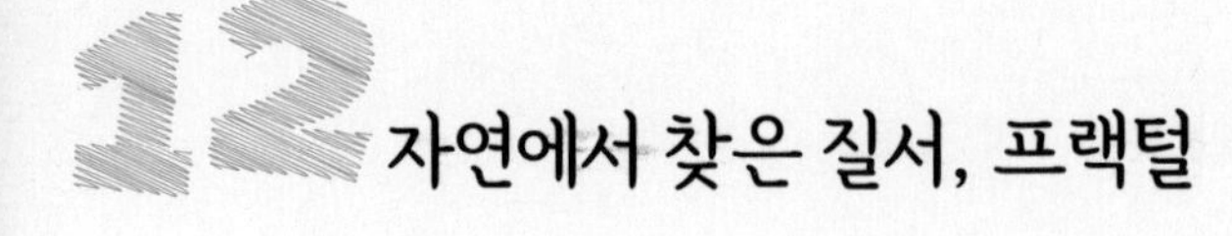

자연에서 찾은 질서, 프랙털

우리가 사는 사회는 복잡하기 이를 데 없다. 자연도 마찬가지다. 그래서 우리는 이 복잡한 세상을 이해하기 위해 노력한다. 다양한 방면의 학문들이 그러한 노력의 과정이고 결과이다. 만약 이 복잡한 세상에 일정한 질서가 있다면 우리 삶도 훨씬 쉬울 것이다. 그러면 공부를 조금은 더 적게 해도 될 테니까. 수학도 복잡한 자연과 사회 속에서 일정한 질서를 알아내려는 노력을 해 왔다. 그 가운데 하나가 프랙털fractal이라는 기하학적 개념이다.

프랙털을 발견한 사람은 프랑스의 수학자 만델브로Benoit Mandelbrot, 1924~2010년이다. 만델브로는 1924년 폴란드의 바르샤바에서 태어났다. 지금은 사람들이 '프랙털 기하학의 아버지'라고 부르지만, 어린 시절 그는 학교 교육을 제대로 받지 못했고 구구단도 5단 이상은 외우지 못했다고 한다. 하지만 기하학적 직관력만은 천부적이었는데, 대수학 시험에서도 기하학 문제처럼 마음속에 그림을 그려 답에 접근했다. 그렇다고는 해도 그의 수학 성적은 겨우 낙제를 면하는 정도였다.

나중에 만델브로는 IBM 연구소에서 일했는데, 그때 통신상의 오차를 해결하기 위해 고심하다가 칸토어 집합*을 생각해 냈고, 이것을 이용해 통신 오차를 나타내는 방법을 찾아냈다. 통신 오차가 나타나는 주기와 간격을 통해 예측이 가능한지 알아본 것이다. 그리고 이렇게 찾은 방법으로 예측한 오차는 실제의 오차 분포와 정확히 들어맞았다.

그 후 만델브로는 1000년에 걸친 나일강의 수위 기록과 10년 동안의 면화 가격의 변화를 나타내는 그래프에 관심을 가졌다. 이것을 통해 자연과 사회의 복잡한 체제 속에서 일정한 질서를 찾아내려 한 것이다. 물론 이렇게 알아낸 질서는 뉴턴 역학에서 보여 주는 단순하고 명쾌한 질서는 아니었다. 만델브로가 말한 것처럼 자연에는 경향성이 존재하지만, 그것이 항상 일정한 것은 아니기 때문이다.

항상 일정하지는 않지만 그런 가운데에서도 찾아낸 질서를 표현하기 위해 만델브로는 특유의 기하학적 통찰력을 발휘했고, 일반적인 차원

* **칸토어 집합** 0과 1 사이의 실수로 이루어진 집합으로, 구간 [0, 1]에서 시작해서 각 구간을 3등분하여 가운데 구간을 반복적으로 제외하는 방식으로 만든다. (뒤에 나오는 칸토어 먼지 참고)

과는 다른 프랙털 차원이란 개념을 만들어냈다. 프랙털 차원은 상식적인 1, 2, 3차원과 같은 정수 차원이 아니라 1.6차원, 2.3차원 등과 같은 소수 차원으로 결정된다.

만델브로가 이루어낸 성과는 자연이 가진 '자기 유사성'에 대한 연구에서 절정에 이른다. 자기 유사성이란 많은 자연물, 예를 들면 나뭇잎, 해안선의 형태, 구름 모양, 은하 구조 등의 일부분을 확대해 보면, 그 모습이 전체 모습과 본질적으로 닮았다는 의미이다. 그러나 이것은 단순히 확대하거나 축소한 모습을 관찰하는 도구가 아니라, 전체를 바라보는 새로운 철학을 제시한 것이다.

들쭉날쭉하고 조각난 형상을 묘사하는 방법

만델브로는 IBM의 연구원으로 일할 당시 고심한 문제는, 컴퓨터들 사이에 정보를 전달하는 과정에서 전화선에서 나오는 소음이었다. 전송될 정보는 묶음으로 분리해 정리한 후 전류를 이용해 보냈는데, 전류를 강하게 할수록 소음이 줄어든다는 사실은 알아냈지만, 완전히 제거할 수는 없었다. 게다가 때로는 이 소음이 신호의 일부를 지워 버려 오차를 일으키기도 했다.

그는 동료들과 함께 많은 자료를 분석했고, 그 결과 전송소음은 일정한 기준이나 원칙 없이 임의로 생기기도 하지만 한편으로는 집단적으로 생긴다는 것을 알아냈다. 즉, 오차 없는 교신이 계속되다가 잠시 잠깐 오차가 생기고 다시 오차 없는 교신이 뒤따르는 식으로 발생한다는 것이다. 만델브로는 이를 바탕으로 오차의 분포를 분석해 기록했고, 그 기록을 바탕으로 오차를 예측했다. 그런데 놀랍게도 그런 방식으로 예측한 오차가 실제로 관찰된 것과 정확히 맞아떨어졌다.

만델브로가 오차의 분포를 기술한 방식은 오차가 없는 전송시기와 오차가 발생하는 전송시기를 점점 세분화하는 것이었다. 예를 들어, 3시간 동안 정보를 전송할 때, 1시간 단위로 오차가 발생하는지 살펴본다고 해보자. 그리고 이때 처음 한 시간 동안은 아무런 오차 없이 전송했고, 다음 한 시간은 오차가 발생했으며, 그 다음 한 시간은 오차 없이 전송했다고 가정하는 것이다. 그런 다음 오차가 발생한 두 번째 1시간을 다시 조금 더 작게, 예를 들어 20분 간격으로 나눈다. 그러면 1시간으로 나눈 앞의 경우와 마찬가지로 일정 기간은 오차가 전혀 없고, 또 일정한 기간에는 오차가 생긴다. 더욱 세분해도 결과는 마찬가지다. 오차가 연속적으로 발생하는 기간은 없었다. 다시 말해 어떤 짧은 시기에 오차가 발생하더라도 그 가운데 어느 순간인가는 오차가 전혀 없는 기간이 항상 존재한다는 것이다.

만델브로는 이처럼 오차가 발생하는 전송기간과 발생하지 않는 전송기간 사이에 일정한 기하학적 관계가 있다는 것을 발견했고, 그것을 그림으로 나타내면 불규칙하고 조각나 있으면서 들쭉날쭉한 형상이 된다고 밝혔다. 그리고 그 형상을 설명하는 말로 '프랙털'을 사용했다.

프랙털의 어원

프랙털fractal은 만델브로가 자신이 생각한 형상, 차원 및 기하학적 개념에 붙일 적당한 이름을 찾기 위해 아들의 라틴어 사전을 뒤적이다 만들어낸 것이라고 한다. '부서지다'라는 뜻을 가진 라틴어 동사 frangere에서 파생한 형용사 fractus가 프랙털의 어원이다. 여기서 fractus란 '온전하지 않은, 어중간한'이라는 의미의 라틴어이다.

프랙털의 어원에 관한 또 다른 해석이 있는데, 그것은 정수가 아닌 분수Fractional 차원을 갖는다는 의미에서 프랙털fractal이라는 용어를 만들었다는 것이다. 그 경우 이 단어의 어원은 부서짐의 뜻을 가진 fracture나, 파편 또는 소수의 의미를 가지는 fraction으로 설명한다. 하지만 영어 단어인 fracture나 fraction의 어감도 frangere나 fractus와 비슷하고, 이 모든 것이 라틴어 fractus에서 나온 것으로 보인다. 그러므로 만델브로는 영어이면서 프랑스어이고 명사이자 형용사이면서, 자신이 생각하는 의미도 가장 잘 표현해줄 것으로 생각해 이 단어로 새로운 용어를 만든 것으로 추측된다.

해안선의 길이를 재는 방법

불규칙하고 조각나 있으면서 들쭉날쭉한 형상을 표현하는 방법을 찾다가 발견한 프랙털. 이것이 갖는 가장 중요한 속성은 자기 유사성Self-Similarity과 순환성재귀성, Regressiveness이다. 자기 유사성은 “부분은 전체와 같은 모양을 갖는다”는 의미이고, 순환성은 “같은 모양이 반복되어 전체를 구성한다”는 뜻이다.

이것을 잘 설명하는 예는 만델로브가 제시했다. 1967년 만델브로는 영국에서 발행되는 과학잡지 〈사이언스〉에 ‘영국을 둘러싸고 있는 해안선의 총 길이는 얼마인가?’라는 제목의 글을 발표했다. 그리고 이 글에서 그는 영국의 해안선 길이는 그 모양 때문에 어떤 방법으로 재느냐에 따라 얼마든지 달라질 수 있다고 주장했다. 이러한 근거는 해안선의 모양이 바로 프랙털 형태를 띠고 있기 때문이라는 것이다.

자세한 내용을 살펴보자. 〈그림 1〉에서 보는 것과 같이 영국의 지도를 근접한 다각형 꼴로 만든 다음 일정한 단위의 자를 이용해 길이를 잴 때와, 훨씬 더 자세한 모양을 만들고 더 작은 단위의 자를 이용해 측량할 때의 값은 대단히 큰 차이가 난다. 즉, 어떤 단위의 자를 이용해 측량하느냐에 따라 그 값은 달라진다는 것이다. 예를 들어 1m 단위의 자로 재었을 때와 1cm 단위의 자로 재었을 때는 분명히 다른 값을 갖게 된다.

이런 예는 실제로도 찾을 수 있다. 스페인과 포르투갈 사이의 국경선의 길이가 그 예가 되는데, 스페인에서 발행하는 사전에는 약 991km이고 포르투갈에서 발행하는 사전에는 약 1,220km이다.

만델브로가 처음 발표할 당시만 해도 이 글은 과학자들의 관심을 얻지 못했다. 시간이 흐른 뒤 프랙털 이론이 각광을 받고 만델브로가 이 분야의 선구자로 알려지면서 많은 과학자들이 오래된 〈사이언스〉 지를 뒤적여 그 내용을 습득했다는 웃지 못할 이야기도 전해진다.

그림 1 길이가 다른 자로 측정했을 때 달라지는 값을 보여주는 그림

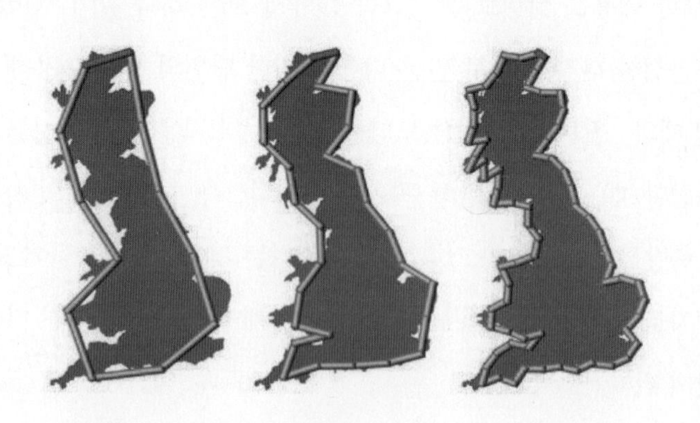

만델브로 집합

다음 〈그림 2〉를 보자. 프랙털을 나타내는 이 그림을 보면 마치 삼라만상이 모두 들어 있는 듯하다. 그래서 이러한 형상을 그리려면 상당히 복잡한 수식이 필요할 듯 보인다. 하지만 '만델브로 집합' 혹은 '줄리아 집합'이라고도 부르는 이것은 다음과 같은 간단한 수식에서 출발한다.

- $f(z)=z^2+c$

이 식은 어디에서 나온 것일까? 이 식은 고등학교 교과과정에 나오는 함수의 합성과 관계가 있다. 함수의 합성을 단순하게 설명하면 다음과 같다. 예를 들어, 함수 $z=f(x)$와 $y=g(z)$를 합성한다는 것은 $y=g(f(x))$의 대응관계를 말하는 것이다. 예를 들어 보자.

$f(x)=x+1$이고 $g(x)=2x$이면, 두 함수 $f(x)$와 $g(x)$의 합성함수는 $f(g(x))=g(x)+1=2x+1$이 된다. 여기에서 $x=2$를 대응시키면,

그림 2

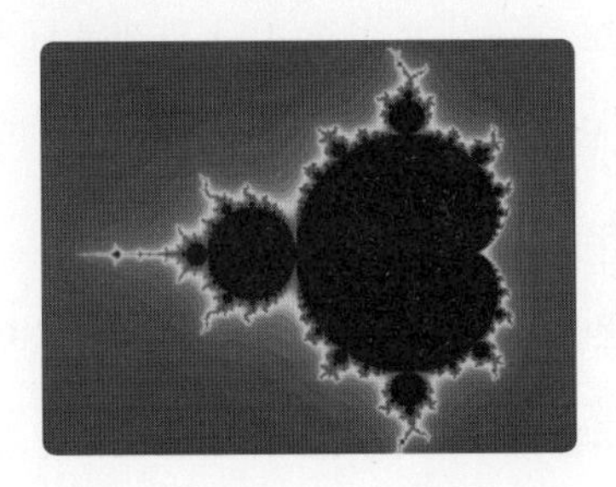

$f(g(2))=2\times 2+1=5$가 된다.

한편, 함수 $f(z)=z^2+c$를 두 번 합성하면 다음과 같은 꼴이 된다.

- $f(f(z))=(z^2+c)^2+c=z^4+2cz^2+c^2+c$

이와 같이 함수($f(z)$)는 자신을 여러 번 합성할 수 있다. 이 함수를 대단히 여러 번 합성한 함수는 일정한 범위에 있는 z의 값이 c의 값에 따라 수렴함수 값이 어느 수 근방에 모여 있다는 뜻하기도 하고 발산함수 값이 모여 있지 않고 흩어져 있거나 진동한다는 뜻하기도 한다. 이들에 대하여 구별해 놓은 집합이 만델브로 혹은 줄리아 집합이다. 이 부분은 조금 깊이 있는 수학적인 내용을 필요로 하기 때문에 이 정도에서 생략하기로 하자.

코흐곡선

사실 프랙털은 컴퓨터의 발전과 더불어 전성기를 맞았다. 몇 줄 되지 않는 프로그램으로 이루어진 것이지만, 거기에 숨은 물리적, 기하학적, 철학적 내용은 우리에게 앞으로 연구해야 할 엄청난 과제를 던져주었다. 이제부터 초보적인 도형의 닮은꼴과 반복을 이용하여 프랙털에 숨은 여러 수학적 성질들을 살펴보자.

우선 대표적인 프랙털 형태로 손꼽히는 코흐곡선Koch-curve 또는 눈송이snowflake라고 부르는 도형을 보자. 〈그림 3〉에서 보듯이 정삼각형이 있다. 이 삼각형의 세 변을 각각 삼등분한 다음 가운데 부분을 지우고, 지운 부분에 그것과 길이가 같은 두 개의 선분을 만들어서 두 번째 그림과 같은 형태로 끼워 넣는다. 이렇게 해서 만들어진 변들에 같은 작업을 반복하면 눈송이 모양의 도형이 만들어진다.

〈그림 3〉의 눈송이 그림 가운데 한 변만 나타내면 〈그림 4〉와 같다. 이것은 다음에 우리가 살펴볼 시에르핀스키 삼각형과 비슷한 알고리즘으로 만들 수 있다.

그림 3 코흐곡선

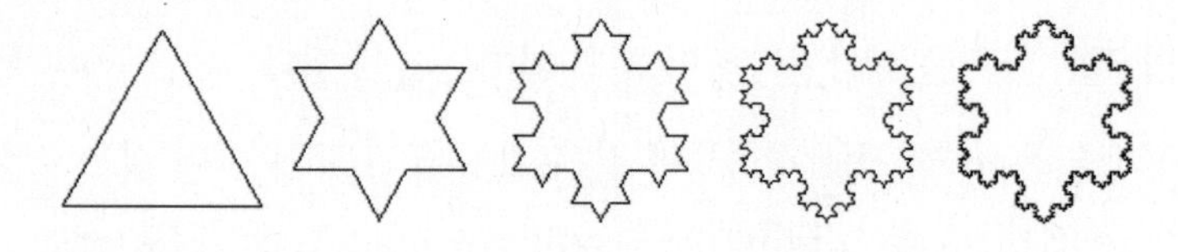

그림 4 코흐곡선의 한 변

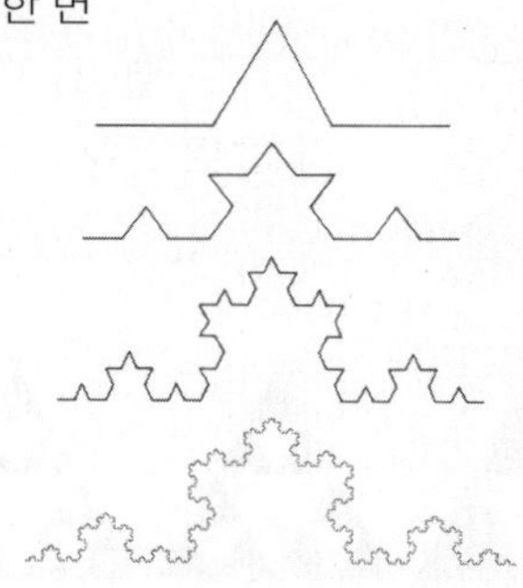

시에르핀스키 삼각형

시에르핀스키 삼각형은 가장 유명한 프랙털로, 1917년경 이것을 제시한 폴란드의 수학자 바츠와프 시에르핀스키1882~1969년의 이름을 딴 것이다. 〈그림 5〉에서 보는 것과 같이 이것은 불규칙적이라기보다 오히려 규칙적인 알고리즘을 갖는다.

시에르핀스키 삼각형 역시 정삼각형에서 시작한다. 삼각형의 세 변의 중점을 꼭짓점으로 하는 삼각형을 그려, 모양과 크기가 같은 4개의 작은 정삼각형을 만든다. 그런 다음에는 가운데 있는 작은 정삼각형을 제거해 3개의 정삼각형만 남긴다. 이때 만들어지는 작은 정삼각형은 한 변의 길이가 처음 삼각형의 $\frac{1}{2}$이 되고 넓이는 $\frac{1}{4}$이 된다.

이제 남은 3개의 정삼각형들에 같은 과정을 반복한다. 이 같은 과정을 무한히 되풀이하면 평면상에 점들의 집합이 나타나는데, 이것이 시에르핀스키 삼각형이다. 그리고 이것을 입체도형에 적용하면 프랙털 피라미드라고 부르는 〈그림 6〉과 같은 형태가 된다.

그림 5 시에르핀스키 삼각형 만드는 과정

그림 6 프랙털 피라미드

시에르핀스키 양탄자

시에르핀스키 삼각형과 비슷한 방법을 정사각형에 적용하면 어떤 모양이 될까? 우선 정사각형의 네 변을 각각 삼등분해 크기가 같은 9개의 작은 사각형을 만든다. 그런 다음에는 가운데 있는 작은 정사각형을 제거하고 8개의 정사각형만 남긴다. 이때 만들어지는 작은 정사각형의 한 변의 길이는 처음 사각형의 $\frac{1}{3}$이 되고 넓이는 $\frac{1}{9}$이 된다.

자, 이제 남아 있는 8개의 정삼각형들에 대해서도 같은 과정을 반복한다. 이런 과정을 4단계까지 계속하면 〈그림 7〉와 같은 모양의 시에르핀스키 양탄자가 된다.

그림 7 시에르핀스키 양탄자

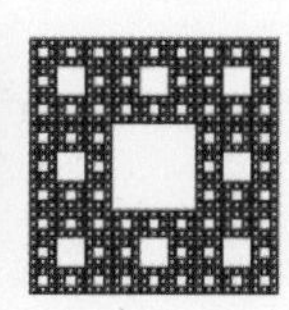

프랙털 나무

다음으로 우리가 살펴볼 것은 '프랙털 나무'라고 부르는 것이다. 〈그림 8〉은 〈그림 3〉의 '눈송이'에서와 같은 과정을 반복해서 만든 나무 모양이다. 이 도형은 선분 하나에서 시작한다. 다음 단계에서는 처음 선분의 $\frac{1}{2}$에 해당하는 길이의 선분 2개를 처음 선분 끝에 붙여 Y자 모양으로 만든다. 그런 다음 새롭게 만든 2개의 선분 끝에 다시 같은 과정을 반복한다. 즉, 길이가 각각 $\frac{1}{2}$인 선분 2개씩 총 4개의 선분을 붙이는 것이다. 이 같은 과정을 반복해서 만들어지는 도형이 바로 프랙털 나무이다.

그림 8 프랙털 나무

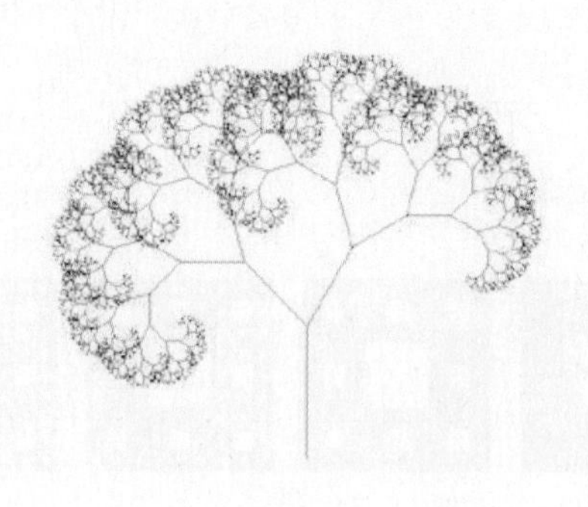

칸토어의 먼지

독일의 수학자 칸토어Cantor, 1845~1918년는 당시로는 유일하게 무한집합에 관심을 갖고 연구해, '고전 집합론의 창시자'로 불리는 수학자다. 이제 우리가 볼 프랙털은 이 사람의 이름을 붙여 '칸토어 집합'이라고 부르는 것이다. 만드는 방법은 간단하다.

우선 일정한 구간을 3등분한 다음 가운데 부분을 제거하고, 남은 두 부분을 각각 3등분해 가운데 부분을 제거하는 것이다. 그러고는 다시 남은 부분을 각각 3등분해 가운데 부분을 제거하는 방법을 끝없이 반복해서 만든 점들의 집합이다. 그러면 등분한 각 구간의 끝점들만 남게 되고, 이 때문에 이것을 '칸토어의 먼지'Cantor dust라고도 한다.

〈그림 9〉은 칸토어 집합을 5단계까지 진행한 모습을 나타낸 것이다. 이것은 프랙털이 생성되는 과정에 지대한 영향을 미쳤다. 만델브로가

그림 9 5단계까지 진행한 칸토어 집합

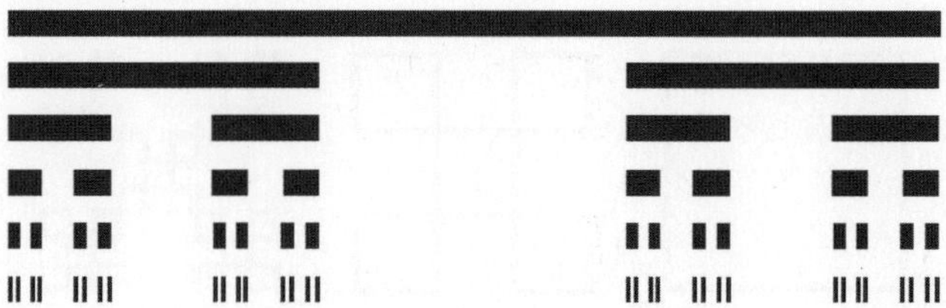

IBM에서 근무할 당시 전송오류를 기술한 기하학적 패턴은 바로 칸토어 집합이라고 불리는 이 추상적인 구조를 재현하는 것이었다.

프랙털 상자

다음은 '프랙털 상자' 차례다. 이것은 시에르핀스키 양탄자와 같이 사각형에서 시작하는 프랙털 도형이다. 다만 이번에 제거하는 사각형은 가운데 사각형이 아니고 네 변의 중앙에 있는 사각형이다.

〈그림 10〉에서 보는 것처럼 정사각형의 각 변을 삼등분하여 9개의 작은 정사각형을 만든다. 그런 다음 큰 사각형의 네 모서리에 있는 정사각형들과 가운데 정사각형은 남기고 나머지는 제거한다. 이런 과정을 계속 반복해서 만든 도형이 바로 프랙털 상자이다.

자연과 사회현상을 분석하는 도구

지금까지 우리는 프랙털이라는 기하학 도형에 대해 살펴보았다. 하지만 앞에서도 말했듯이 이것은 그저 임의로 만든 도형이 아니다. 복잡한 자연현상에서 찾을 수 있는 일정한 질서를 표현하는 것이기도 하다. 그렇다면 자연현상에서 볼 수 있는 프랙털에는 어떤 것들이 있을까?

우선 번개를 들 수 있다. 번개의 모양은 엄밀한 규칙성을 갖고 있는 것은 아니지만, 프랙털의 기본 속성인 자기 유사성을 가지고 있다. 다시 말해, 번개의 전체와 가지의 모양이 같다는 것이다. 또 뭉게구름에서도 프랙털 속성을 찾을 수 있다. 뭉게구름의 모양은 타원형 혹은 타원형의 위쪽 일부가 반복되면서 전체를 이룬다.

강의 모습도 좋은 예이다. 하늘 높은 곳에서 강물의 본줄기와 지류를 함께 촬영해 보면, 본줄기와 지류가 유사한 모습을 띠고 있음을 알 수 있다. 전체 강의 모습과 각 지류의 일부를 확대해 비교해 보면 같은 모양인 것이다.

자연물만이 아니라 우리 몸에서도 같은 구조를 찾을 수 있다. 우리 뇌의 주름을 자세히 들여다보면, 마치 강의 본류와 지류처럼 큰 주름과 작은 주름을 볼 수 있고, 그 구조 역시 강의 모습과 같이 프랙털 구조임을 알게 된다. 뇌가 이처럼 프랙털 구조를 갖는 이유는 좁은 공간에 더 많은 뇌세포를 보유하기 위해서인 것으로 보인다.

프랙털 구조의 도형들을 보다 보면 프랙털을 도형의 불규칙한 상태를 특징짓는 형태로만 생각하기 쉽지만, 사실은 그렇지 않다. 만델브로가 처음 프랙털을 생각해낸 때의 일을 떠올려보자. 그는 전송오류의 분포를 나타내기 위한 방법을 찾다가 프랙털 형태를 발견했다. 실제로 프랙털 개념은 자연현상이나 사회현상을 분석하는 분야와 관련해 광범위하게 응용되고 있다.

프랙털에 대한 연구는 아직 끝나지 않았다. 이것을 통해 연구 가능한 분야 역시 점점 넓어지고 있다. 수학은 자연과 사회를 해석하는 좋은 도구이기도 한 것이다.

자연과 사회의 여러 현상에 대해 설명하기 위해 프랙털에 대한 연구가 계속되는 가운데, 이것이 카오스 이론에 어떤 영향을 미칠지도 주목받고 있다.

'카오스'란 원리적으로는 확정되어 있으나 미래는 예측이 불가능한 현상을 가리키는 말로, 그리스어 khaos에서 유래했다. 우리말로 옮기면 '혼돈'이며 이는 매우 불안정한 현상을 일컫는다.

카오스를 연구하는 목적은 무질서하고 예측 불가능한 현상 속에 숨어 있는 정연한 질서를 이끌어 내는 것이다. 그리고 이것을 통해 새로운 사고방식이나 이해방법을 제시하는 것이다. 지금까지의 과학이 하나의 법칙에서 하나의 결과를 이끌어내는 데 비하여 카오스는 몇 가지 효과가 서로 작용하여 질서나 무질서 상태가 된다는 점을 밝히려 한다.

난류는 카오스의 가장 좋은 예이다. 물을 처음 가열할 때는 매우 질서 있게 움직이다가, 온도가 점점 더 높아지면 대류가 흐트러지기 시작하고 차츰 무질서한 상태가 된다. 해류의 흐름이나 대기의 흐름 등 자연계의 흐름 대부분이 이 같은 난류이다.

이 밖에도 나뭇잎의 낙하운동이나 조혈작용 등의 생체현상, 전력의 흔들림, 지진의 발생 등에서 카오스적인 현상이 발생한다. 또 좀 더 확대해 보면 우주의 시공간 구조와 블랙홀 부근의 별의 운동 등에서도 발견된다. 이처럼 카오스 연구는 수학 · 물리학 · 기상학 · 생물학 · 의학 · 천문학 · 경제학 등에 걸쳐 진행되고 있다.